数据可视化入门、进阶与实战

主　编　金静梅
副主编　胡宏梅　章　朋　周晴红
参　编　练振兴　沈蕴梅　杨小天

北京理工大学出版社
BEIJING INSTITUTE OF TECHNOLOGY PRESS

内容简介

本书是关于数据可视化的入门教材。全书依据课程特点，结合学生的认知规律和学习习惯，采用“模块—项目—任务”的编写体例，包括数据可视化准备、数据可视化入门、数据可视化进阶及数据可视化实战四个由浅入深的模块，其中，数据可视化入门模块中包含项目对比可视化图、时间趋势可视化图、数据关系可视化图及成分比例可视化图等常用图形的制作。本书融入了全国职业院校技能大赛（大数据技术与应用）竞赛内容，无缝对接“1+X”证。

本书深度挖掘思政元素，寓价值观引导于知识传授和能力培养之中，融“教、学、训、育人”四者于一体，适合“项目化、理论实践一体化”的教学模式。本书内容翔实，文字通俗易懂，图文并茂，资源丰富。

本书可作为可视化课程的教材，也可作为数据可视化技术爱好者的自学用书。

图书在版编目（CIP）数据

数据可视化入门、进阶与实战 / 金静梅主编. -- 北京：北京理工大学出版社，2023.8
ISBN 978-7-5763-2483-9

Ⅰ. ①数… Ⅱ. ①金… Ⅲ. ①可视化软件－数据处理－高等职业教育－教材 Ⅳ. ①TP317.3

中国国家版本馆 CIP 数据核字（2023）第 108435 号

出版发行 / 北京理工大学出版社有限责任公司
社　　址 / 北京市海淀区中关村南大街 5 号
邮　　编 / 100081
电　　话 / （010）68914775（总编室）
　　　　　（010）82562903（教材售后服务热线）
　　　　　（010）68944723（其他图书服务热线）
网　　址 / http：//www. bitpress. com. cn
经　　销 / 全国各地新华书店
印　　刷 / 唐山富达印务有限公司
开　　本 / 787 毫米×1092 毫米　1/16
印　　张 / 14
字　　数 / 312 千字
版　　次 / 2023 年 8 月第 1 版　2023 年 8 月第 1 次印刷
定　　价 / 78.00 元

责任编辑 / 王玲玲
文案编辑 / 王玲玲
责任校对 / 周瑞红
责任印制 / 施胜娟

前言

本书是“数据可视化入门”类书籍。教材面向初级、中级用户，按照“模块—项目—任务”的编写体例，由浅入深地指导读者使用工具绘制常用的可视化图表。本书层次分明，语言通俗易懂，图文并茂，配以丰富的教学资源，侧重于基础知识的介绍与基本技能的培养，是一本融“教、学、训、育人”四者于一体的教材，具备以下特色：

1. 采用“模块项目化、任务驱动”的教材开发理念，创新教材编写体例。

按照模块、项目、工作任务、习题来组织教材内容。以工作任务为中心整合数据可视化理论与实践，实现“教、学、训”合一。教材的每个任务按照问题引入—解决方法—任务实现—同步实训—任务小结的形式编写。

2. 对接工作岗位、全国职业院校技能大赛、“1 + X”职业技能等级标准，彰显教材实用性特点。

将数据可视化岗位技能要求、全国职业院校技能大赛（大数据技术与应用赛项）及大数据应用开发（Python）职业技能中级标准有关内容有机融入教材。本书通过教师教授解决一个任务，学生同步实训拓展，课后习题训练的方式强化学生技能，进而达到大数据应用开发（Python）职业技能中级标准。本书概念准确、图文并茂、通俗易懂，便于教师教学及学生自主学习。

3. 寓价值观引导于知识传授和能力培养之中，发挥课程育人作用。

本书编写团队认真学习党的二十大报告，有机融入教材，积极引导学生了解国情、国家政策，增强民族自信；端正理想、信念、价值观；提升法治意识；提高道德修养，成为爱岗敬业、有担当、守正创新、勇于奋斗的时代新人。

4. 辅学资源丰富，实现线上线下同步学习。

本书配套资源丰富，读者可以通过扫描二维码进行在线微课学习、提升思想站位等；阅读小提示可以掌握技巧，拓展知识；查看岗课赛证融通标准可以快速知晓“1 + X”职业技能等级标准及全国职业院校技能大赛大数据技术与应用赛项规程。教材面向授课教师开放PPT课件、期末试卷、教案、课程标准、授课计划、在线课程平台等资源（https://mooc1-1.chaoxing.com/course/217699236.html）。

本书编者由长期从事数据可视化教学工作的一线教师编写，本书项目 1、2 由胡宏梅编写，项目 3 ~ 6 由金静梅编写，项目 7、8 由章朋编写，项目 9 由周晴红编写。练振兴、沈蕴梅、杨小天承担了大量资料收集和整理工作。

本书是常州大学应用技术学院资助项目（编号 21ZBGT05）。在编写过程中，我们参考和借鉴了众多学者的研究成果，在此表示诚挚的谢意，同时，也得到了苏州健雄职业技术学院、常州大学、江苏兰之天软件技术有限公司的大力支持和帮助，在此表示衷心感谢。

由于时间仓促，再加上编者水平有限，书中难免有疏漏之处，敬请广大读者批评指正。欢迎任课教师与编者联系（jinjm@ csit. edu. cn），获取所需资料。

编　者

模块1　数据可视化准备

项目1　初识数据可视化 …… 3

任务1　认识数据可视化工具 …… 4

问题引入 …… 4

解决方法 …… 4

任务实施 …… 4

同步实训 …… 9

任务小结 …… 9

任务2　搭建数据可视化环境 …… 10

问题引入 …… 10

解决方法 …… 10

任务实施 …… 10

同步实训 …… 19

任务小结 …… 19

习题 …… 20

项目2　数据准备 …… 21

任务1　使用主动公开的数据 …… 21

问题引入 …… 21

解决方法 …… 22

任务实施 …… 22

同步实训 …… 25

任务小结 …… 26

任务2　使用八爪鱼工具爬取网页数据 …… 26

问题引入 …… 26

解决方法 …… 26

任务实施 …… 26
同步实训 …… 35
任务小结 …… 35
任务 3 获取数据库中的数据 …… 36
问题引入 …… 36
解决方法 …… 36
任务实施 …… 36
同步实训 …… 40
任务小结 …… 40
习题 …… 40

模块 2 数据可视化入门

项目 3 项目对比可视化图的制作 …… 45
任务 1 绘制柱形图 …… 46
问题引入 …… 46
解决方法 …… 46
任务实施 …… 46
同步实训 …… 65
任务小结 …… 66
任务 2 绘制条形图 …… 66
问题引入 …… 66
解决方法 …… 67
任务实施 …… 67
同步实训 …… 72
任务小结 …… 72
任务 3 绘制漏斗图 …… 73
问题引入 …… 73
解决方法 …… 73
任务实施 …… 73
同步实训 …… 78
任务小结 …… 79
习题 …… 79
项目 4 时间趋势可视化图的制作 …… 81
任务 1 绘制折线图 …… 82
问题引入 …… 82
解决方法 …… 82
任务实施 …… 82

同步实训 …… 93
任务小结 …… 94
任务2　绘制K线图 …… 95
问题引入 …… 95
解决方法 …… 95
任务实施 …… 95
同步实训 …… 100
任务小结 …… 100
习题 …… 100
项目5　数据关系可视化图的制作 …… 102
任务1　绘制散点图 …… 103
问题引入 …… 103
解决方法 …… 103
任务实施 …… 103
同步实训 …… 112
任务小结 …… 113
任务2　绘制气泡图 …… 113
问题引入 …… 113
解决方法 …… 113
任务实施 …… 113
同步实训 …… 117
任务小结 …… 117
习题 …… 118
项目6　成分比例可视化图的制作 …… 120
任务1　绘制饼图 …… 121
问题引入 …… 121
解决方法 …… 121
任务实施 …… 121
同步实训 …… 130
任务小结 …… 130
任务2　绘制雷达图 …… 130
问题引入 …… 130
解决方法 …… 131
任务实施 …… 131
同步实训 …… 137
任务小结 …… 137
习题 …… 137

模块 3 数据可视化进阶

项目 7 组合图及仪表盘的制作 …… 141
任务 1 绘制组合图 …… 141
问题引入 …… 141
解决方法 …… 142
任务实施 …… 142
同步实训 …… 155
任务小结 …… 156
任务 2 绘制仪表盘 …… 156
问题引入 …… 156
解决方法 …… 156
任务实施 …… 156
同步实训 …… 161
任务小结 …… 162
习题 …… 162
项目 8 网络数据及文本数据可视化 …… 163
任务 1 绘制关系图 …… 163
问题引入 …… 163
解决方法 …… 164
任务实施 …… 164
同步实训 …… 170
任务小结 …… 170
任务 2 绘制词云图 …… 170
问题引入 …… 170
解决方法 …… 170
任务实施 …… 171
同步实训 …… 176
任务小结 …… 176
习题 …… 176

模块 4 数据可视化实战

项目 9 无人超市数据可视化平台 …… 181
任务 1 可视化展示无人超市销售情况总数据 …… 182
问题引入 …… 182
解决方法 …… 182
任务实施 …… 182

同步实训 …… 193
任务小结 …… 194
任务 2 可视化展示无人超市销售分析 …… 194
问题引入 …… 194
解决方法 …… 194
任务实施 …… 194
同步实训 …… 203
任务小结 …… 205
任务 3 可视化展示无人超市顾客分析 …… 205
问题引入 …… 205
解决方法 …… 205
任务实施 …… 205
同步实训 …… 210
任务小结 …… 210
习题 …… 211
参考文献 …… 213

模块1 数据可视化准备

模块概述

随着大数据时代的到来，各行各业产生的数据呈指数级增长。为了从海量数据中智能地获取有价值的信息，数据可视化技术越来越受到人们的关注，它秉持“化繁为简”“数据图示化”的理念，使用图形、图表等可视化方式来直观地展示数据，便于用户更好地理解数据所表达的信息。对数据进行可视化需要一系列的准备工作，要有可视化的工具及获取到数据。本模块将带领读者学习搭建数据可视化环境及获取数据等实用技术。

内容构成

模块1 数据可视化准备
- 项目1 初识数据可视化
- 项目2 数据准备

项目1

初识数据可视化

项目概述

使用数据可视化技术可以达到清晰、直观、形象地展示数据的目的。本项目将带领读者了解数据可视化技术及工具，搭建可视化开发环境。

学习目标

知识目标	了解常用的数据可视化工具，掌握可视化开发环境的搭建过程
能力目标	能够准确表述数据可视化的概念，能够知道数据可视化主流技术，会搭建可视化开发环境
素养目标	认识国情；深刻理解合作共赢的思想精华

工作任务

任务1 认识数据可视化工具

任务2 搭建数据可视化环境※

※全国职业院校技能大赛（大数据技术与应用）竞赛内容

任务1 认识数据可视化工具

问题引入▶

我们生活在一个大数据时代，那么如何从这些数据中快速获取自己想要的信息，并以一种直观、形象甚至交互的方式展现出来呢？

解决方法▶

借助数据可视化工具可以方便地将各种数据用图形化的方式展示给人们，是人们理解数据、诠释数据的重要手段和途径。

任务实施▶

数据可视化是一种将抽象、枯燥或难以理解的内容以可视的、交互的方式进行展示的技术，它能够借助图形的方式更形象、直观地展示数据蕴含的事物原理、规律、逻辑。数据可视化随着大数据和人工智能的兴起而进一步繁荣。

数据可视化有相当长的发展历史，因此数据可视化工具发展得相当成熟，已产生了成百上千种数据可视化工具。

1. WPS 表格

【素养小提示】

坚持梦想，最终取得胜利。

WPS 表格是中国金山公司为使用 Windows、Apple Macintosh、Linux 操作系统的计算机用户编写的一款电子表格软件。其具有直观的界面、出色的计算功能和图表工具，是个人计算机数据处理软件。

Microsoft 的 Excel 是可视化的一个入门工具，但收费；而 WPS 表格是免费的 WPS Office 个人版中的高级应用，具有同 Microsoft 的 Excel 一样的功能，WPS 表格也是一个入门级数据可视化工具。WPS 表格是快速分析数据的理想工具，也能创建供内部使用的数据图，如图 1－1 所示，但是 WPS 表格的图形化功能并不强大，并且在制作可视化图表时，图表中的颜色、线条和样式可选择的范围有限，这也意味着用 WPS 表格很难制作出符合专业出版物和网站需要的数据图。

2. ECharts

ECharts 是百度公司开发的一个开源的数据可视化工具，是一个使用 JavaScript 实现的开源可视化库，可以流畅地运行在计算机和移动设备上，并能够兼容当前绝大部分浏览器。在功能上，ECharts 可以提供直观、交互丰富、可高度个性化定制的数据可视化图表；在使用上，ECharts 为开发者提供了非常炫酷的图形界面，提供了包含柱状图、折线图、饼图、气泡图以及四象限图等在内的一系列可视化图表。图 1－2 为使用 ECharts 制作的可视化大屏。此外，ECharts 使用简单，对于初学者而言，直接对 ECharts 官网上提供的各种图表模板进行简单的修改即可实现数据可视化图表的制作。

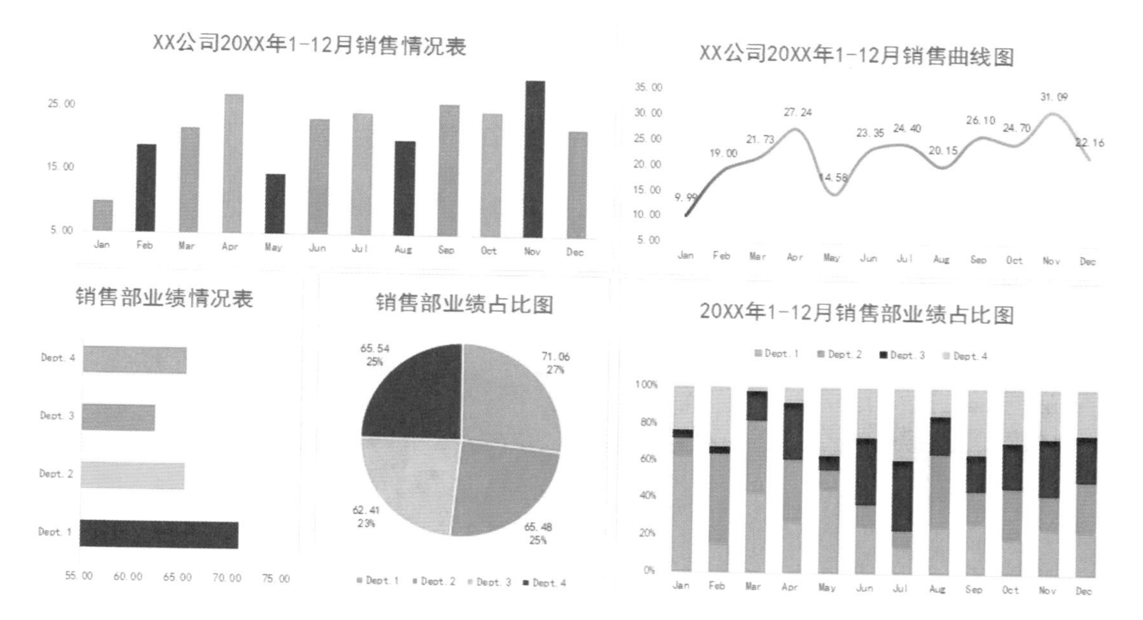

图 1-1　使用 WPS 表格绘制的图形

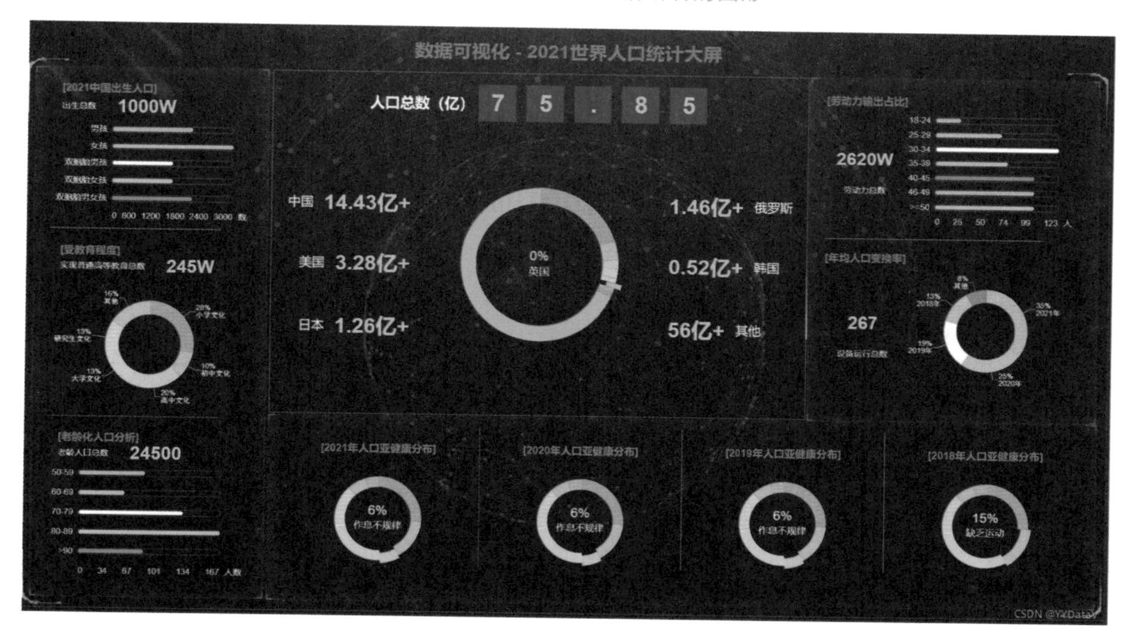

图 1-2　使用 ECharts 制作的可视化大屏

3. Tableau

Tableau 是一款十分流行的商业智能工具，它诞生于美国的斯坦福大学，主要用于数据分析。Tableau 的操作十分简单，使用者不需要精通复杂的编程和统计原理，只需要把数据直接拖放到工作簿中，通过一些简单的设置就可以得到自己想要的数据可视化图形，图 1-3 为使用 Tableau 制作的气泡图。

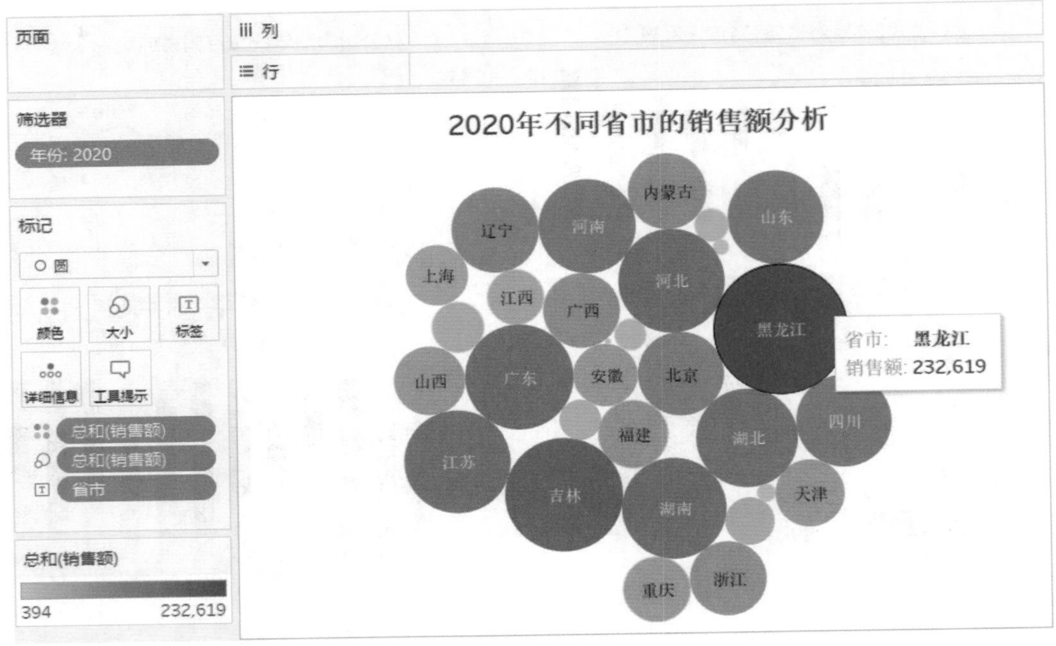

图 1－3　使用 Tableau 制作的气泡图

4. Python

Python 是一种面向对象的解释型计算机程序设计语言，为大数据与人工智能时代的首选语言。Python 具有简洁、易学、免费、开源、可移植、面向对象、可扩展等特性，对于数据可视化编程，Python 语言有一系列的数据可视化包（Packages），包括 pyecharts、Pandas、Matplotlib、Seaborn、ggplot、Bokeh、pygal、Plotly 等。图 1－4 所示为使用 pyecharts 制作的堆叠柱状图。

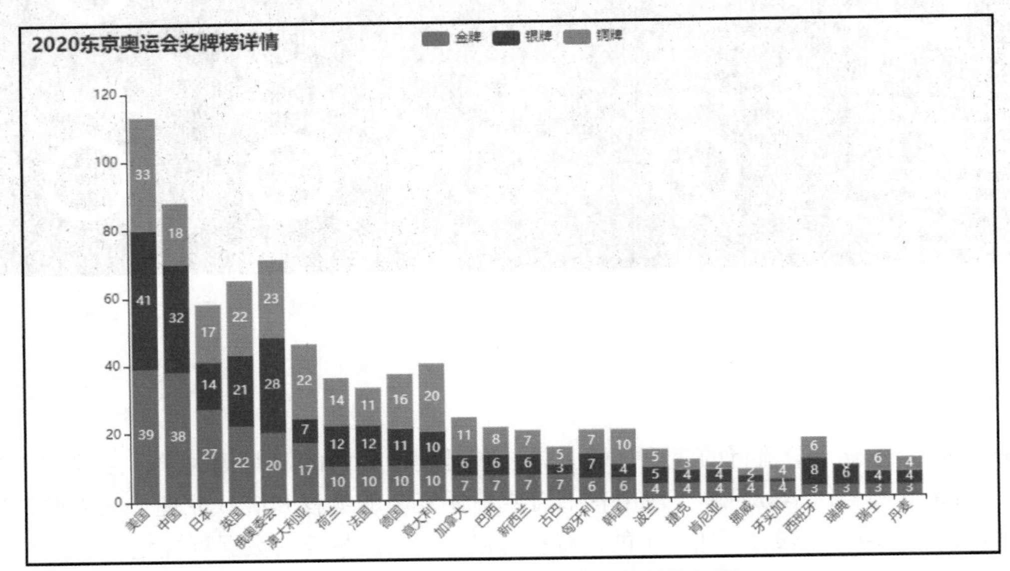

图 1－4　使用 pyecharts 制作的堆叠柱状图

5. R 语言

R 是属于 GNU 系统的一个源代码开放的软件，主要用于统计分析和绘图。R 是由数据操作、计算和图形展示功能整合而成的套件，包括有效的数据存储和处理功能，因此，为数据分析和显示提供了强大的图形显示功能。图 1－5 所示为使用 R 语言制作的火山图。

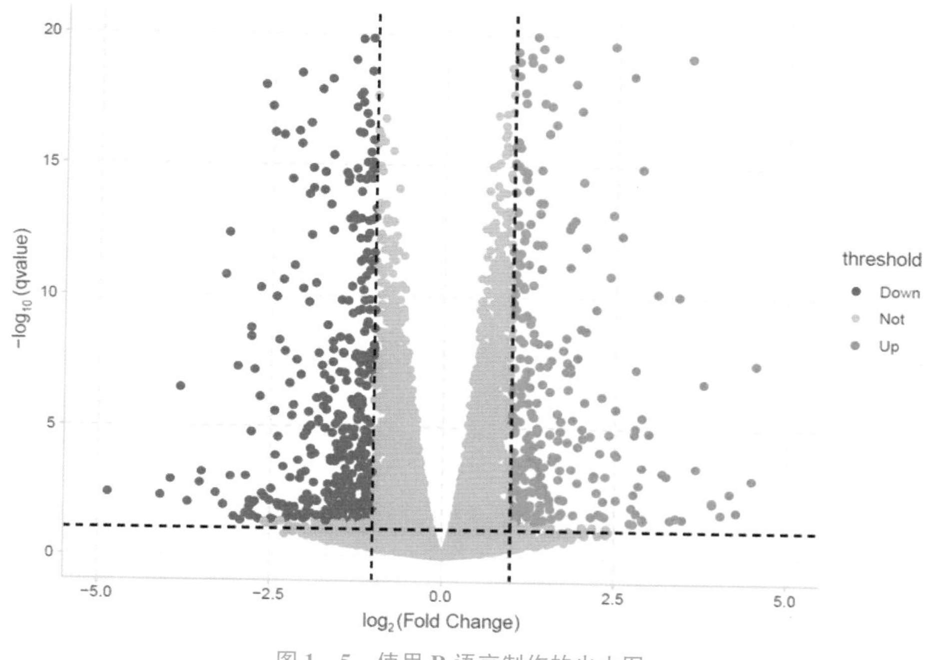

图 1－5　使用 R 语言制作的火山图

6. D3

D3 的全称是 Data－Driven Documents。顾名思义，它是一个被数据驱动的文档，其实也就是一个 JavaScript 函数库，开发者可以使用该函数库实现数据可视化，图 1－6 是使用 D3 制作的动态图。由于 JavaScript 文件的扩展名通常为 . js，所以 D3 也常叫作 D3. js。D3 提供了各种简单、易用的函数，大大简化了 JavaScript 操作数据的难度。由于它本质上是 JavaScript，所以用 JavaScript 也是可以实现所有功能的。

值得注意的是，用户在使用 D3 处理数据之前，需要对 HTML、CSS 及 JavaScript 有很好的理解。除此以外，这个 JS 库将数据以 SVG 和 HTML5 格式呈现，所以像 IE7 和 IE8 这样的旧版浏览器不能使用 D3. js 功能。

7. Highcharts

Highcharts 是一个使用纯 JavaScript 编写的图表库，能够简单、便捷地在 Web 网站或 Web 应用程序中添加有交互性的图表。Highcharts 不仅免费提供给个人、个人网站，并可供非商业用途使用，而且支持的常见图表类型多达 20 种，其中很多图表可以集成在同一个图形中形成混合图。图 1－7 为使用 Highcharts 绘制的图形。

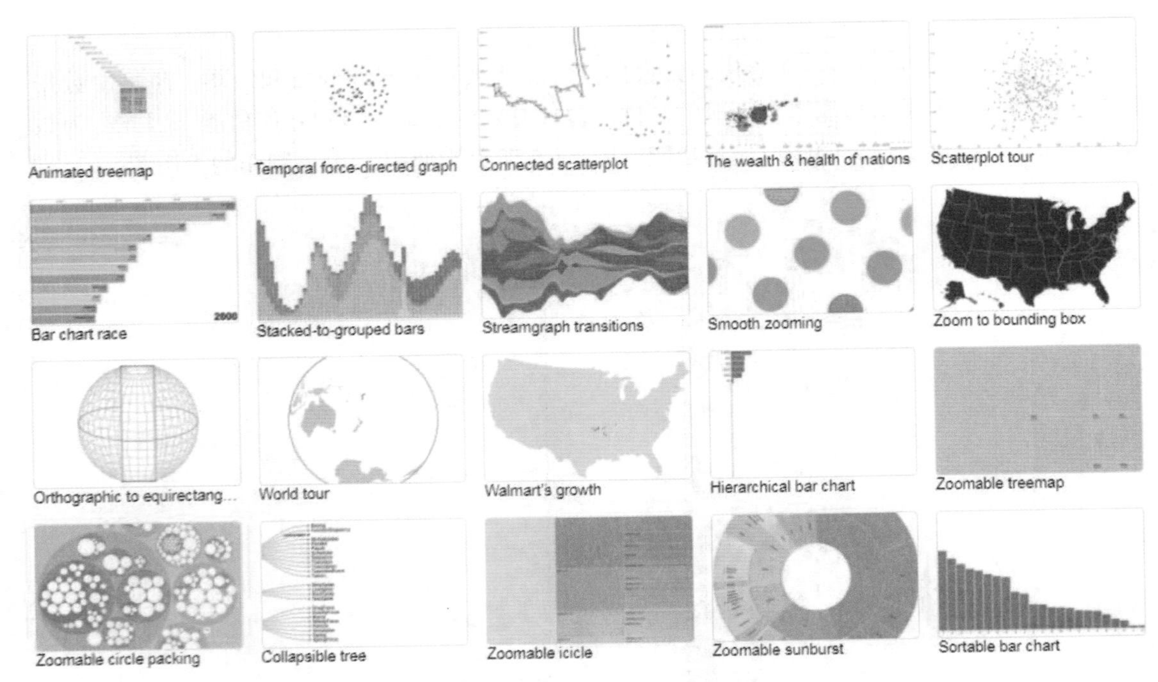

图 1－6　使用 D3 制作的动态图

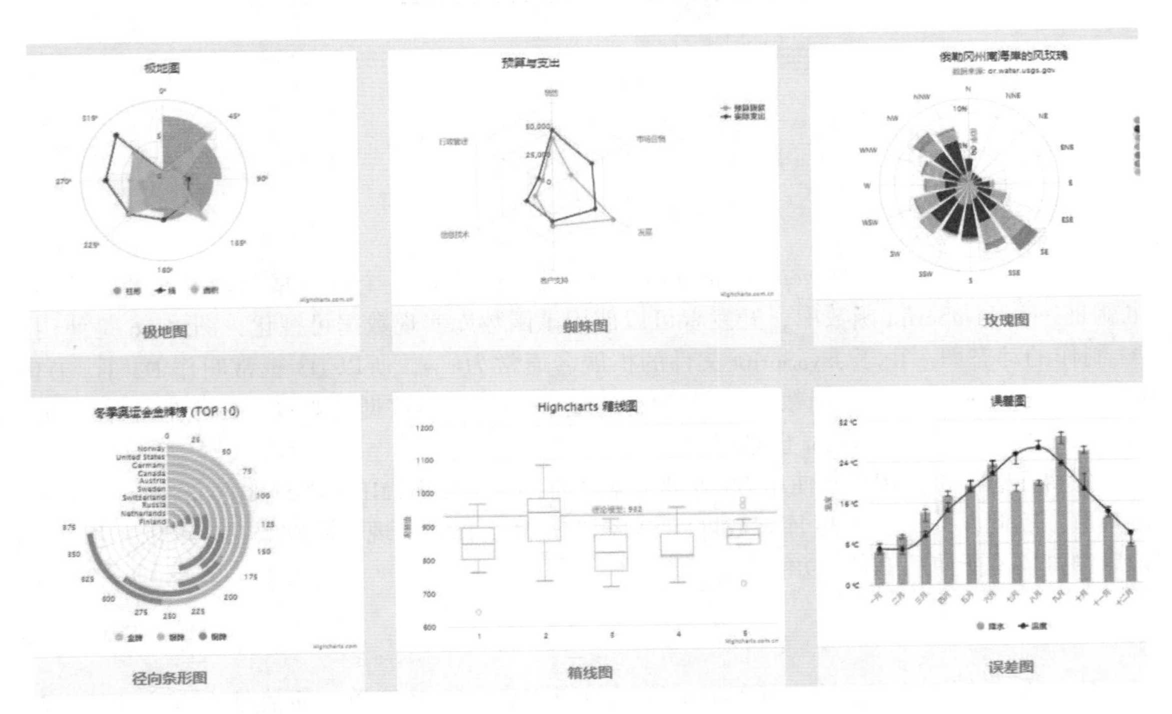

图 1－7　使用 Highcharts 绘制的图形

同步实训

数据可视化岗位调研

1. 实训目的

了解当前数据可视化岗位的现状及需求。

2. 实训内容及步骤

①利用智联招聘、前程无忧、拉钩招聘、猎聘等招聘网站，搜寻数据可视化热门岗位，填写表1-1。

表1-1 数据可视化热门岗位表

职位名称	北京	上海	深圳	广州	苏州
Web数据可视化前端工程师					
数据可视化工程师					
数据应用研发工程师					
…					

②查询表1-1中职位的职责和任职要求，填写表1-2。

表1-2 数据可视化职位职责和任职要求表

职位名称	职位职责	任职要求
…		

任务小结

数据可视化工具较多，常见的有Excel、ECharts、Python等，见表1-3。

表1-3 数据可视化工具比较

工具名称	软件成本	技能要求
WPS表格	个人版免费	操作
Tableau	商业收费	操作
ECharts	开源免费	编程
D3	开源免费	编程
Highcharts	开源免费，商业使用付费	编程
Python	开源免费	编程
R语言	开源免费	编程

任务2 搭建数据可视化环境

问题引入

使用数据可视化工具可以绘制出酷炫的图形，那么如何使用这些数据可视化工具呢？

解决方法

要想使用可视化工具做好数据可视化，就需要搭建数据可视化环境，本书涉及的数据可视化工具有 WPS 表格、ECharts 及 Python，本任务将带领读者学习搭建以上三种可视化环境。

任务实施

1. WPS 表格可视化环境搭建

WPS 表格是我国金山办公软件有限公司的 WPS Office 中的一个高级应用。WPS Office 个人版于 2005 年宣布免费，使用 WPS 表格进行数据可视化，只需要安装 WPS Office 个人版。可以到金山办公官网 https://www.wps.cn/下载 WPS Office 个人版，如图 1-8 所示。

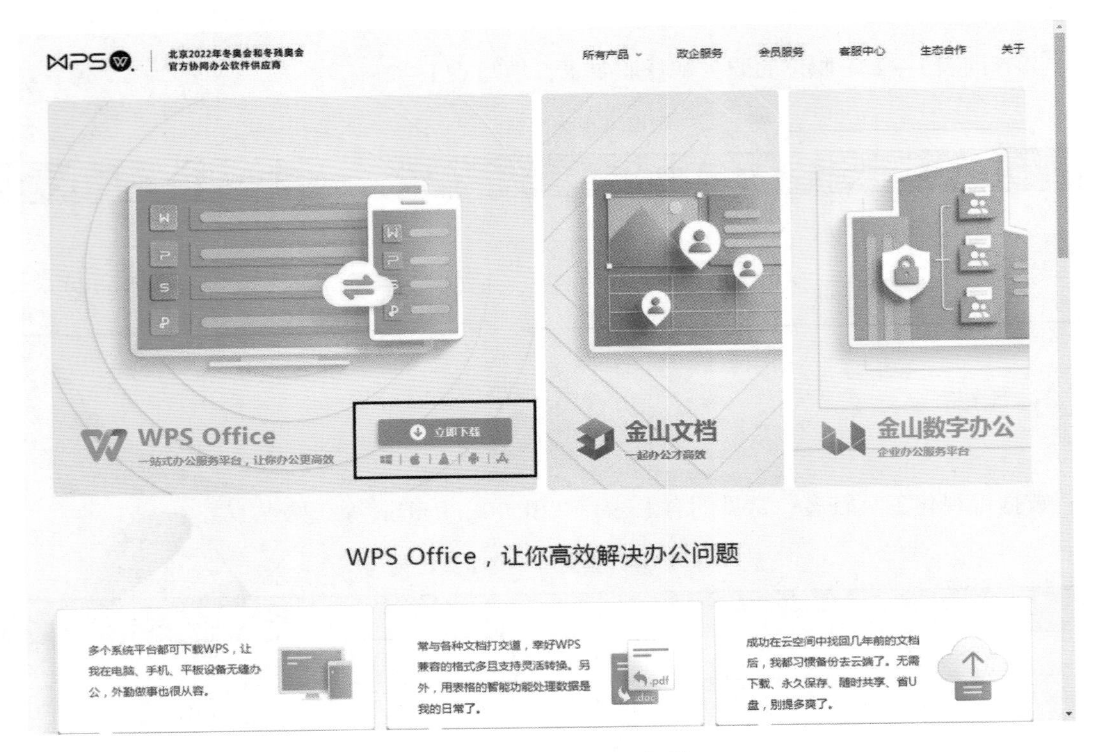

图 1-8 WPS Office 下载

安装完 WPS Office 个人版后，就可以通过新建表格的方式进行数据可视化操作了，图 1-9 为新建 WPS 表格。

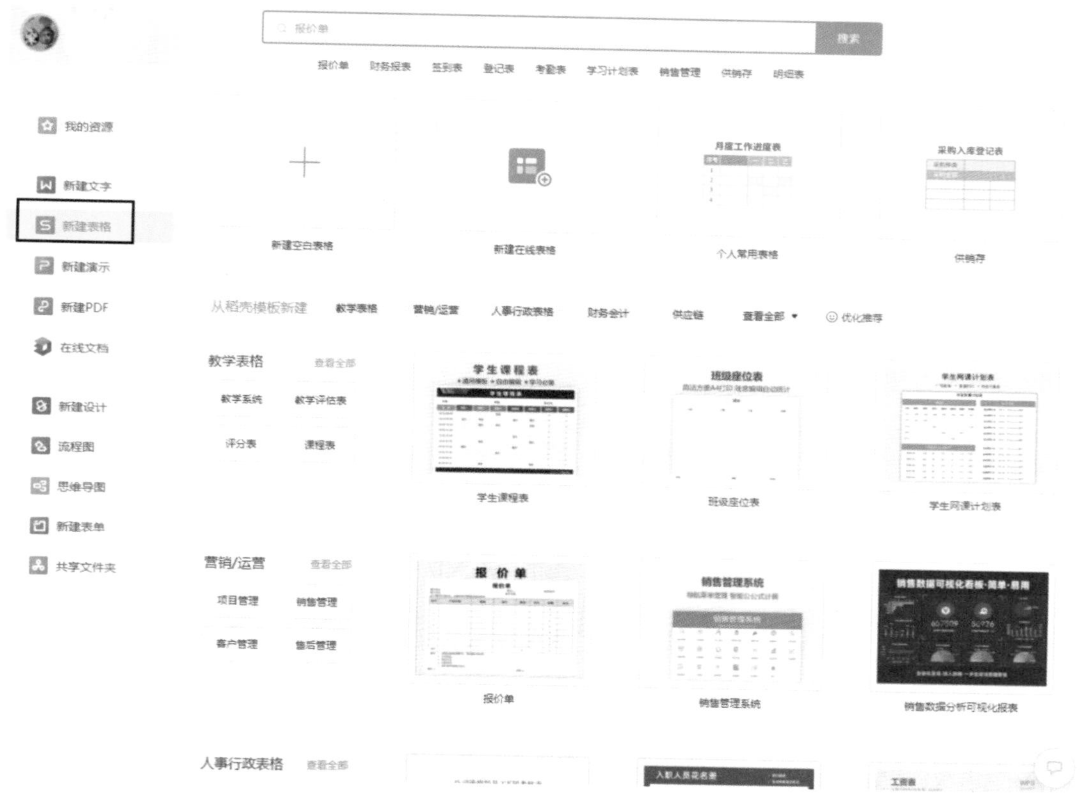

图 1－9　新建 WPS 表格

2. ECharts 可视化编程环境搭建※

全国职业院校技能大赛大数据技术与应用赛项规程

ECharts 是一款基于 JavaScript 的数据可视化图表库，提供直观、生动、可交互、可个性化定制的数据可视化图表。ECharts 最初由百度团队开源，并于 2018 年年初捐赠给 Apache 基金会，成为 ASF 孵化级项目。2021 年 1 月 26 日晚，Apache 基金会官方宣布 ECharts 项目正式毕业，成为 Apache 顶级项目。目前 ECharts 的版本为 5. 3. 2。

（1）安装 ECharts

打开 ECharts 官网的下载页面（https：//echarts. apache. org/zh/download. html），可以看到图 1－10 所示的下载页面，选择“从下载的源代码或编译产物安装”的方式（这里选择“从 GitHub 下载编译产物”），单击“Dist”之后，会跳转到具体的下载页面，如图 1－11 所示。dist 目录下的 echarts. js 即为包含完整 ECharts 功能的文件，下载 echarts. js，如图 1－12 所示。

至此，ECharts 环境已经成功安装，之后直接调用 echarts. js 文件即可使用 ECharts。

【素养小提示】

以开源开放的形式来集聚力量，实现“技术共建”，往往要比各自为战的效果更好。

ECHARTS 首页 文档 下载 示例 资源 社区 ASF

下载

方法一：从下载的源代码或编译产物安装

版本	发布日期	从镜像网站下载源码	从 GitHub 下载编译产物
5.4.2	2023/3/23	Source (Signature SHA512)	Dist

查看历史版本

注意：如果从镜像网站下载，请检查 SHA-512 并且检验确认 OpenPGP 与 Apache 主站的签名一致。链接在上面的 Source 旁。这个 KEYS 文件包含了用于签名发布版的公钥。如果可能的话，建议使用可信任的网络（web of trust）确认 KEYS 的同一性。

图 1－10　ECharts 下载页面

（2）安装 VS Code

编程工具可以使用 VS Code，该工具支持多种编程语言的编写。VS Code 的下载网址为：https://code.visualstudio.com/，选择适配电脑系统的安装包下载，如图 1－13 所示。

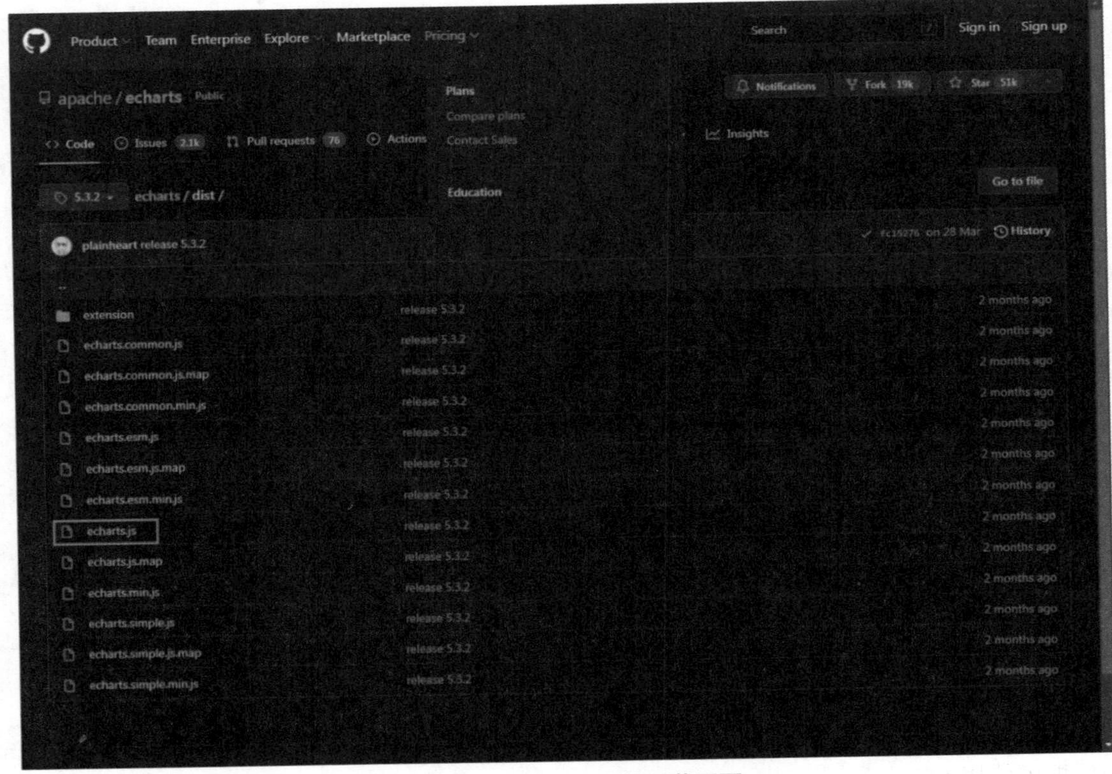

图 1－11　ECharts 具体下载页面

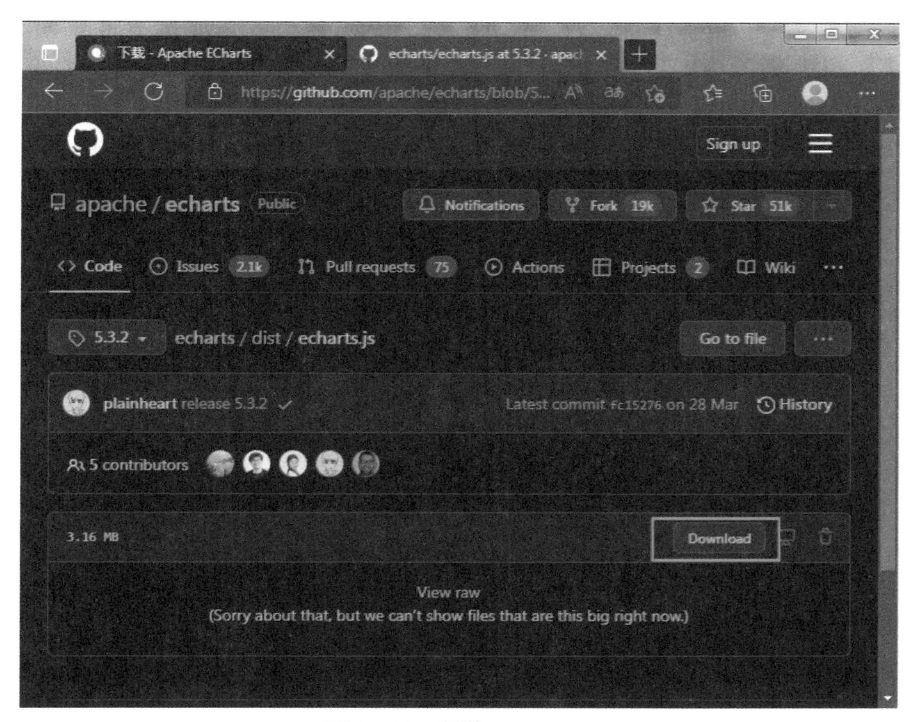

图 1－12　下载 echarts. js

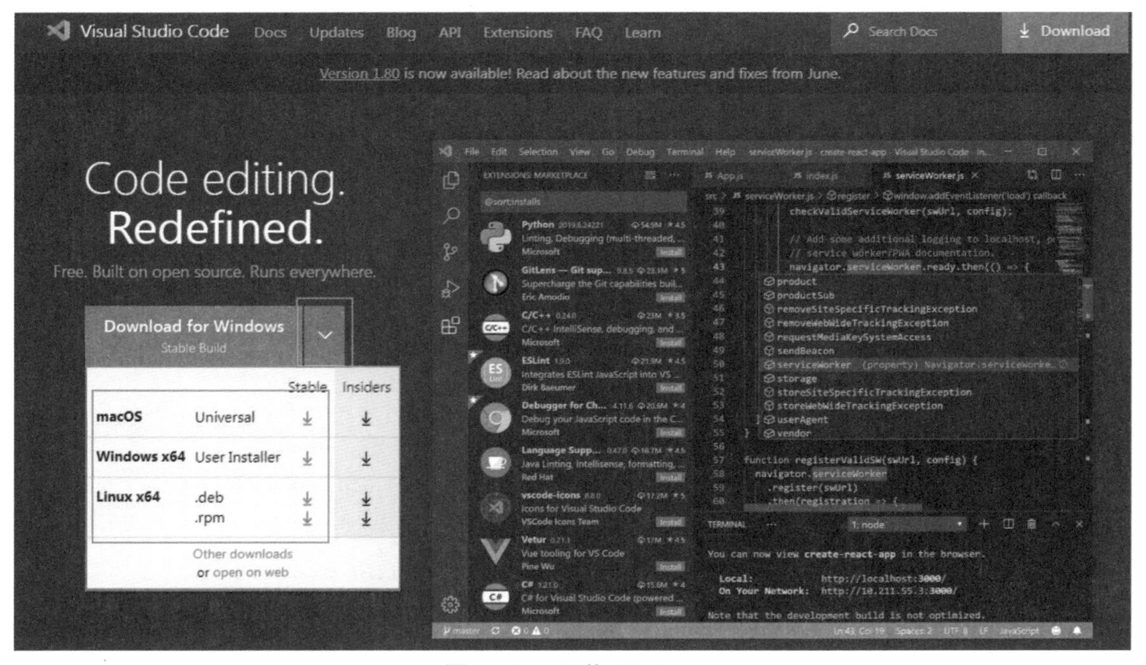

图 1－13　下载 VS Code

下载完成后安装。打开 VS Code，单击“File”→“New File”，可以新建一个文件，就可以开始可视化编程。

（3）创建第一个 ECharts 图表

准备工作：在电脑中新建一个项目文件夹（比如 ECHARTSPROJECT），打开 VS Code，打开一个 ECHARTSPROJECT 文件夹，在 ECHARTSPROJECT 文件夹下新建一个 js 文件夹，将前面搭建开发环境中下载的 echarts. js 放在 js 文件夹中，在 ECHARTSPROJECT 文件夹下新建一个 first. html 文件，如图 1-14 所示。

图 1-14　文件架构图

小提示

在 VS Code 中，保存为以“html”结尾的网页格式文件后，在文件的开始处，输入一个感叹号“!”，按下 Tab 键，可以自动生成符合 H5 规范的 html 页面框架内容。

步骤 1：引入 ECharts。通过标签方式直接引入构建好的 echarts 文件。

步骤 2：在绘图前，需要为 ECharts 准备一个具备高、宽的 DOM 容器。

步骤 3：使用 echarts. init 方法初始化 echarts 实例，指定图表的配置项和数据，使用指定的配置项和数据显示图表。下面是 first. html 完整代码。

```
<! DOCTYPE html >
<html lang = "en" >
<head >
    <meta charset = "UTF - 8" >
    <meta http - equiv = "X - UA - Compatible" content = "IE = edge" >
    <meta name = "viewport" content = "width = device - width, initial - scale =1.0" >
    <title >第一个 ECharts 图 < /title >
    <! -- 步骤 1,引入 echarts.js -->
    <script src = "echarts.js" >< /script >
< /head >
<body >
    <! -- 步骤 2,为 ECharts 准备一个具备大小(宽高)的 Dom -->
    <div id = "main" style = "width: 600px;height:400px;" >< /div >
    <script type = "text /javascript" >
```

//步骤 3-1，基于准备好的 dom，初始化 echarts 实例

```
var myChart = echarts.init(document.getElementById('main'));
```

//步骤 3-2，指定图表的配置项和数据，option 的配置项参数等设置决定了图形的样子

```
var option = {
    title: {
        text: 'ECharts 入门示例'
    },
    tooltip: {},
    legend: {
        data:['销量']
    },
    xAxis: {
        data: ["衬衫","羊毛衫","雪纺衫","裤子","高跟鞋","袜子"]
    },
    yAxis: {},
    series: [{
        name: '销量',
        type: 'bar',
        data: [5, 20, 36, 10, 10, 20]
    }]
};
```

// 步骤 3 –3，使用刚指定的配置项和数据显示图表

```
myChart.setOption(option);
    </script>
</body>
</html>
```

这样你的第一个图表就诞生了。在 VS Code 中运行程序，如图 1 –15 所示，选择使用 Chrome 浏览器打开，显示结果如图 1 –16 所示。

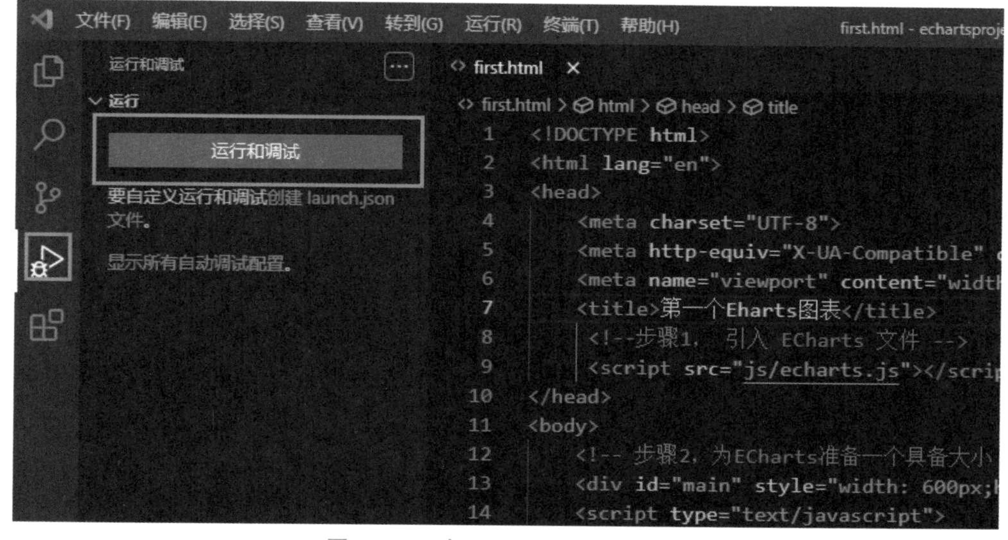

图 1 –15　在 VS Code 中运行程序

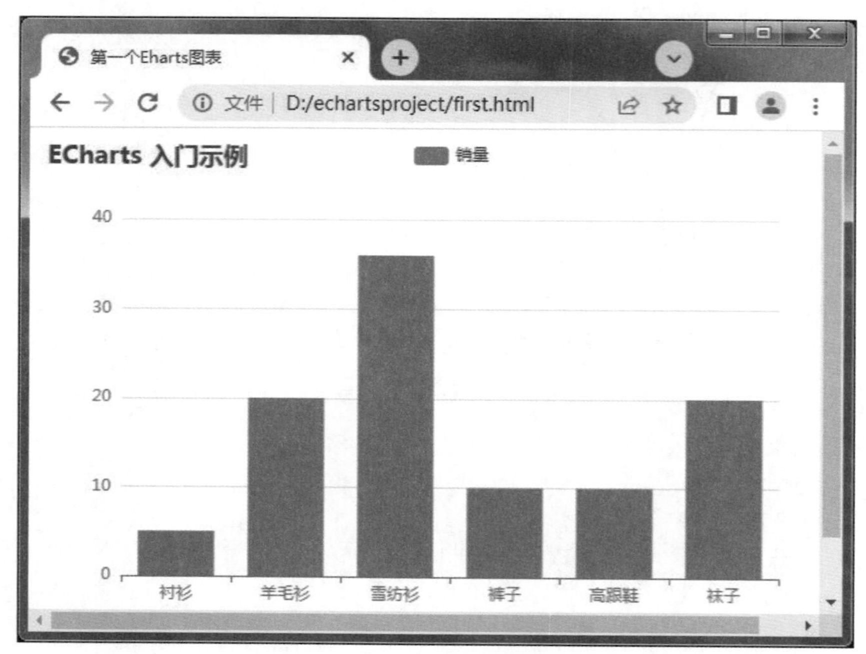

图 1-16　第一个 ECharts 图表

3. Python 可视化编程环境搭建

(1) Python 环境安装

Python 初学者推荐安装 Anaconda，因为 Anaconda 是一个开源的 Python 发行版本，包括了 python 环境，还内置了很多 Python 常用的第三方包，非常适合初学者使用。到官网（https://www.anaconda.com/products/distribution）下载合适的 Anaconda 版本，Anaconda 的安装比较简单，可以扫右侧的二维码观看视频进行安装。

微课：Anaconda 的安装

小提示

根据电脑系统选择对应的 Windows、Mac、Linux 版本，根据电脑系统的位数选择对应位数的安装包（64 位/32 位）。

(2) pyecharts 安装

ECharts 是一个由百度开源的数据可视化工具，凭借着良好的交互性，精巧的图表设计，得到了众多开发者的认可。而 Python 是一门富有表达力的语言，很适合用于数据处理。当数据分析遇上数据可视化时，pyecharts 诞生了，pyecharts 是开源软件库。pyecharts 是 Python 与 ECharts 结合之后的产物，封装了 ECharts 各类图表的基本操作，然后通过渲染机制，输出一个包含 JS 代码的 HTML 文件。

在 Anaconda 中安装 pyecharts 的步骤如下：

步骤 1：下载 pyecharts 安装包，下载网址为 https://pypi.org/project/pyecharts/#files，如图 1-17 所示。

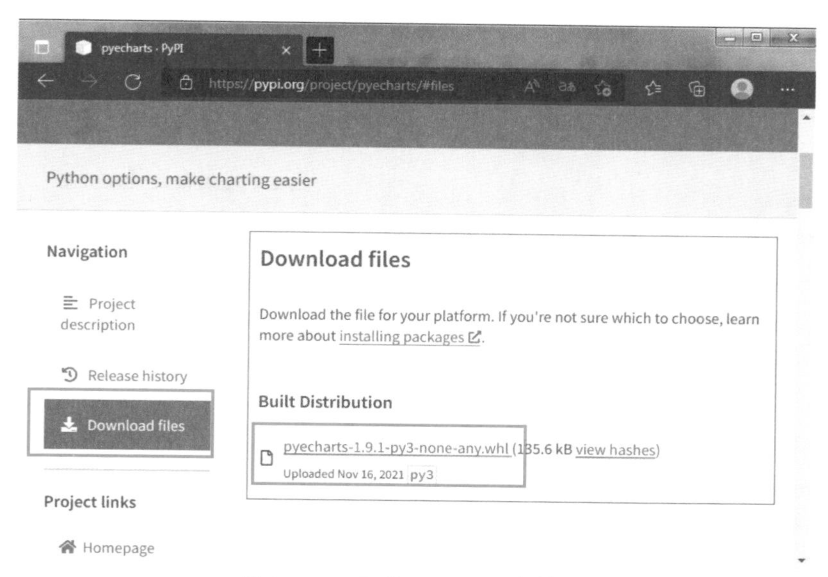

图 1 – 17　下载 pyecharts 安装包

步骤 2：将下载的 pyecharts – 1. 9. 1 – py3 – none – any. whl 文件放到 Anaconda3 的 pkgs 目录下，打开 Anaconda Prompt，输入 cd anaconda3/pkgs 进入文件夹，输入 pip install pyecharts – 1. 9. 1 – py3 – none – any. whl，如图 1 – 18 所示，则表示安装成功。

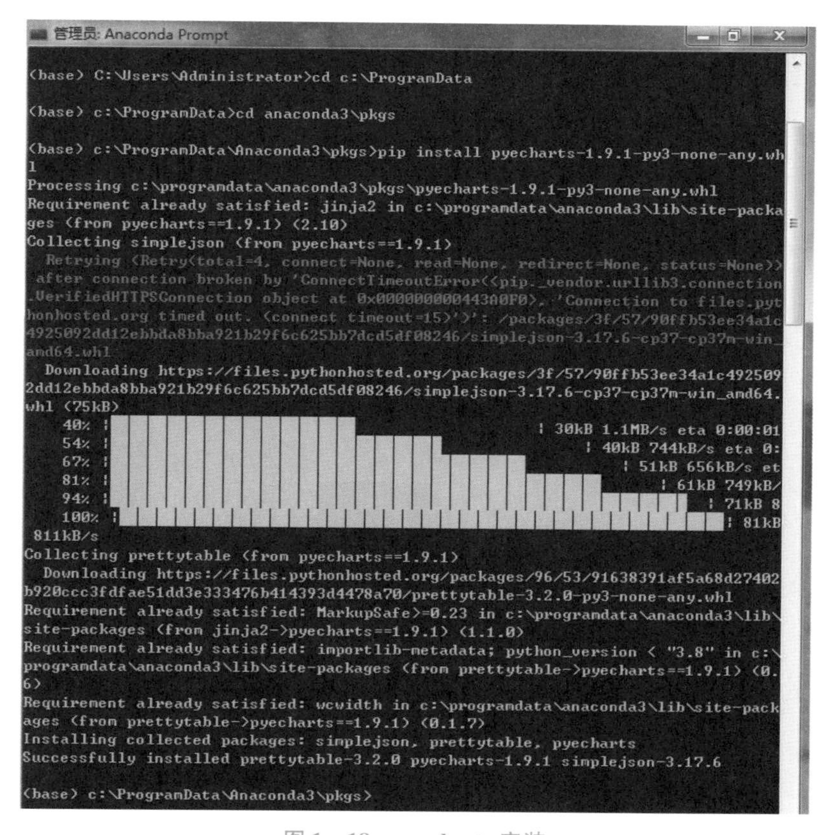

图 1 – 18　pyecharts 安装

（3）创建第一个 pyecharts 图表

打开 Anaconda 中的 Jupyter Notebook，新建 Python 文件，如图 1－19 所示。

图 1－19　在 Jupyter Notebook 中创建 Python 文件

输入图 1－20 所示代码，运行程序，在 Jupyter Notebook 中就生成一张动态的柱状图。

```
from pyecharts.charts import Bar
bar = (
    Bar()
    .add_xaxis(["衬衫", "羊毛衫", "雪纺衫", "裤子", "高跟鞋", "袜子"])
    .add_yaxis("商家A", [5, 20, 36, 10, 75, 90])
)
bar.render_notebook()
```

图 1－20　编写并运行第一个 pyecharts 图表

制作第一个可视化图形

1. 实训目的

掌握搭建数据可视化环境的方法，能在该环境下尝试制作可视化图形。

2. 实训内容及步骤

①依据教材步骤搭建好 ECharts 可视化编程环境。

②进入 ECharts 官网 https://echarts. apache. org，查询文档中的配置项手册，了解案例中的相关配置项，填充表 1－4。

表 1－4　配置项对照表

配置项组件名	含义
title	
tooltip	
legend	
xAxis	
yAxis	
series	

③中华人民共和国成立以来，教育事业取得巨大进步，人口素质大幅提高。高等教育进入大众化阶段。扫码阅读《中华人民共和国 65 周年》第 44 页，使用 ECharts 绘制 1949—2013 年普通本专科在校学生数柱状图。

【素养小提示】

自强不息，砥砺奋进，成就辉煌

《中华人民共和国 65 周年》

任务小结

使用 WPS 表格、ECharts、Python 这些常用的数据可视化工具需要安装的软件环境见表 1－5。

表 1－5　数据可视化工具的软件环境

可视化工具	软件环境	费用
WPS 表格	WPS Office	个人版免费
ECharts	echarts. js + VS Code	VS Code 免费，ECharts 开源免费
Python	Anaconda + pyecharts 安装包	Anaconda 个人版免费，pyecharts 开源免费

习　题

一、选择题

1. 下列属于国产软件的是（　　）。

A. WPS Office　　B. ECharts　　C. D3　　D. pyecharts

2. 使用 ECharts 绘制图表需要用到（　　）方法，执行该方法后，会传入一个具备大小的 DOM 节点即实例化出图表对象。

A. set( )　　B. setSeries( )　　C. init( )　　D. setOption( )

3. setOption( ) 方法用于（　　）。

A. 初始化接口　　B. 配置图表实例选项

C. 图表数据接口　　D. 设置时间轴

二、填空题

1. ________是一个用于生成 ECharts 图表的类库。

2. pyecharts 就是 ECharts 与________的组合。

3. ECharts 中配置图例的配置项是________，series 配置项表示________________。

三、简答题

1. 请阐述有哪些主流的数据可视化工具。

2. WPS 表格提供了哪些图表类型？ECharts 提供了哪些图表类型？

项目 1 习题及答案

项目2

数据准备

项目概述

数据是可视化的基础。没有数据，可视化无从谈起。本项目将带领读者了解获取数据的途径，为可视化做好数据准备。

学习目标

知识目标	了解数据常用的获取途径
能力目标	会使用八爪鱼工具获取网页数据，会获取公开的数据，会获取数据库中的数据
素养目标	理解知识共享的含义，自觉履行数据安全保护义务，数据获取要合理、合法、合规

工作任务

任务1 使用主动公开的数据

任务2 使用八爪鱼工具爬取网页数据

任务3 获取数据库中的数据

任务1 使用主动公开的数据

问题引入

在学习数据可视化技术过程中，我们需要数据来增加实践经验。数据最常见的获取方式是通过网络搜索，可搜索到的数据属于主动公开的数据，那么浩瀚的互联网中有哪些主动公开的数据呢？

解决方法

主动公开的数据有政府数据、国际组织数据、科研机构及第三方数据资源这三类。

任务实施

1. 政府数据

2015 年国务院印发的《促进大数据发展行动纲要》，要求“2018 年年底前建成国家政府数据统一开放平台，率先在信用、交通、医疗、卫生、就业、社保、地理、文化、教育、科技、资源、农业、环境、安监、金融、质量、统计、气象、海洋、企业登记监管等重要领域实现公共数据资源合理适度向社会开放”，目前已经有多个地市建成了数据开放平台，开放了约 15 个领域数据，包括教育科技、民生服务、道路交通、健康卫生、资源环境、文化休闲、机构团体、公共安全、经济发展、农业农村、社会保障、劳动就业、企业服务、城市建设、地图服务。我国部分政府数据开放平台见表 2－1。

表 2－1　我国部分政府数据开放平台

省、市、区和城市	名称	URL
北京市	北京市政务数据资源网	http://www.bjdata.gov.cn/jkfb/index.htm
上海市	上海市公共数据开放平台	http://www.data.sh.gov.cn/
天津市	天津市信息资源统一开放平台	https://data.tj.gov.cn/
福建省	福建省公共信息资源统一开放平台	https://data.fujian.gov.cn/odweb/
广东省	开放广东	http://gddata.gd.gov.cn/
贵州省	贵阳市政府数据开放平台	http://www.gyopendata.gov.cn/
海南省	海南省政府数据统一开放平台	http://data.hainan.gov.cn/
河南省	河南省公共数据开放平台	http://data.hnzwfw.gov.cn/odweb/
江西省	江西省政府数据开放网站	http://data.jiangxi.gov.cn/
宁夏回族自治区	宁夏回族自治区数据开放平台	http://ningxiadata.gov.cn/odweb/index.htm
山东省	山东公共数据开放网	http://data.sd.gov.cn/
陕西省	陕西省公共数据开放平台	http://www.sndata.gov.cn/
浙江省	浙江政务服务网“数据开放”专题网站	http://data.zjzwfw.gov.cn/
武汉市	武汉市政务公开数据服务网	http://www.wuhandata.gov.cn/whData/
长沙市	长沙市政府门户网站数据开放平台	http://www.changsha.gov.cn/data/

续表

省、市、区和城市	名称	URL
苏州市	苏州市政府数据开放平台	http://www.suzhou.gov.cn/dataOpenWeb/data
黑龙江省	哈尔滨市政府数据开放平台	http://data.harbin.gov.cn/
新疆维吾尔自治区	新疆维吾尔自治区政务数据开放网	http://data.xinjiang.gov.cn/index.html
香港特别行政区	香港政府数据中心	https://data.gov.hk/sc/

在政府数据开放平台中筛选所需要的数据，然后下载即可获取数据。图 2－1 和图 2－2 所示为获取上海市公共数据开放平台中的数据。

图 2－1　筛选数据

图 2－2　下载数据

此外，还可以通过国家相关部门统计信息网站获取专项数据，具体内容见表2－2。

表2－2 国家相关部门统计信息网站

名称	URL
中国人民银行	http://www.pbc.gov.cn/diaochatongjisi/116219/index.html
国家统计局	http://www.stats.gov.cn/tjsj/
数据－中国政府网	http://www.gov.cn/shuju/
中国互联网信息中心	http://www.cnnic.cn/
国家气象科学数据中心	http://data.cma.cn/

2. 国际组织数据

国际组织主要涉及国家层面的数据。常见的国际组织包括联合国及其下设机构、世界经贸组织、世界银行或者比较专业、有针对性的国际组织等，见表2－3。

表2－3 常见国际组织数据资源

名称	URL
联合国数据库	http://data.un.org
世界卫生组织	http://www.who.int
世界银行公开数据	http://data.worldbank.org.cn
谷歌公开数据搜索	https://www.google.com/publicdata/directory
欧盟统计局	https://ec.europa.eu/eurostat/data/database
国际货币基金组织	https://www.imf.org
全球贸易经济网	https://tradingeconomics.com/

3. 科研机构及第三方数据资源

随着数据再利用方法的多样化及效率的提高，科研机构及第三方公司也在搜集和开放数据。很多科研机构和大学建立了数据平台，如百度数据开放平台（是百度公司基于百度网页搜索的开放平台），见表2－4。数据堂公司提供语音、图像、文本、交通等多种数据，但可以根据用户需求提供定制化收费数据服务。

表2－4　常见科研机构及第三方数据资源

名称	URL
公共卫生科学数据中心	https://www.phsciencedata.cn/Share/
公众环境研究中心	http://www.ipe.org.cn/
北京大学开放研究数据平台	http://opendata.pku.edu.cn
上海纽约大学数据平台	https://datascience.shanghai.nyu.edu/datasets
百度数据开放平台	https://open.baidu.com
数据堂	http://www.datatang.com/
阿里研究院——阿里价格指数	http://topic.aliresearch.com
BOM 票房数据	https://www.boxofficemojo.com/charts/
艺恩娱数	https://ys.endata.cn/DataMarket/Index
收视率排行	http://www.tvtv.hk/archives/category/tv
新榜	https://www.newrank.cn/
高德地图中国路况	https://report.amap.com/detail.do?city=110000
CEIC 数据库	https://www.ceicdata.com/zh-hans
搜数网	http://www.soshoo.com/index.do
阿里天池	https://tianchi.aliyun.com/
Kaggle	https://www.kaggle.com/
Datafountain	https://www.datafountain.cn/
中财网	https://data.cfi.cn/cfidata.aspx

同步实训

使用国家气象科学数据中心数据

1. 实训目的

掌握使用国家气象科学数据中心数据的方法。

2. 实训内容及步骤

①进入国家气象科学数据中心 http://data.cma.cn/，注册（选择个人实名注册用户）。

②点开数据服务共享目录中的“数据和产品”，选择中国地面气象站逐小时观测资料，检索江苏省南京市近7日内最高气温、最低气温、降水量，并放入数据框。

③生成订单，下载数据。

任务小结

【素养小提示】

"知识共享"不是"任意分享"

主动公开的数据有政府数据、国际组织数据、科研机构及第三方数据资源这三类。我国已建成了多个省、市的政府开放数据平台，但全面的、各级政府数据开放还需要一定的时间。网民在使用公开数据时，需要在知识共享许可协议下对数据进行利用和再利用，让开放的数据产生更大的社会价值、经济价值和公共价值。

小提示

知识共享许可协议（Creative Commons License），又叫 CC 协议，是一种允许他人分发作品的公共版权许可。2002 年 12 月 16 日，美国非营利性组织知识共享（Creative Commons）首次发布了 CC 协议。CC4.0 版本于 2013 年 11 月 25 日发布。CC4.0 被鼓励在全球范围内使用，CC4.0 版本中一共有 6 种常用的版权规定组合。具体内容可查阅 https://creativecommons.net.cn/licenses/licenses_exp/。

任务 2 使用八爪鱼工具爬取网页数据

问题引入

主动公开的数据缺乏针对性，以爬虫方式获取数据，可以爬取自己想要的内容，针对性很强。爬虫需要编写爬虫程序，对大部分没有编程经验的网民，如何获取到网页数据呢？

解决方法

网页数据抓取可以通过抓取软件实现，使用抓取工具，可以快速获取到网页数据，而不需要编程。常用抓取工具就是八爪鱼。

任务实施

Octoparse（八爪鱼）采集器是一个功能强大且易用的互联网数据采集工具，可以简单、快速地将网页数据转化为结构化数据，存储为 Excel、CSV、JSON 或 HTML 文件或存储到数据库中，并且提供基于云计算的大数据云采集解决方案，实现精准、高效、大规模的数据采集。八爪鱼采集器提供多种操作模式，可以满足不同用户的个性化需求。

使用八爪鱼采集器需要到八爪鱼官网下载八爪鱼客户端软件，本教材使用的版本是 V8.5.2，安装后需要注册账号，登录八爪鱼采集器客户端就可以采集网页数据了。八爪鱼采集器进行数据采集有两种模式：使用模板采集数据和自定义配置采集数据。

微课：使用模板采集数据

1. 使用模板采集数据

采集模板是由八爪鱼官方提供的，目前已有 200 多种采集模板，涵盖主流网站的采集场景。模板数还在不断增加。使用模板采集数据时，只需输入几个参数（网址、关键词、页数等），就能在几分钟内快速获取到目标网站数据。

登录八爪鱼采集器客户端，在首页单击“热门采集模板”部分的“更多>”按钮，如图2－3所示。进入采集模板展示页面，可通过“模板类型”“搜索模板”“筛选条件”多种方法，寻找目标模板，如图2－4所示。

图2－3 打开更多采集模板

图2－4 按模板类型选择采集模板

下面以使用微博－热搜榜模板为例采集数据。

步骤1：进入“模板详情”页面后，仔细阅读“模板介绍”“采集字段预览”“采集参数预览”，如图2－5所示，确认此模板采集的数据符合需求。

图 2－5　阅读模板内容

步骤 2：确定模板符合需求以后，单击图 2－5 中的“立即使用”按钮，进行配置参数。常见的参数有关键词、翻页次数、URL 等。

请认真查看“模板介绍”中的使用方法说明和参数说明，输入格式正确的参数，否则，将影响模板的使用。

步骤 3：依次单击“保存设置”→“保存”，并启动采集，选择本地采集模式中的“普通模式”，如图 2－6 所示。八爪鱼自动启动 1 个采集任务并采集数据。

图 2－6　启动本地采集

步骤 4：数据采集完成以后，单击“导出数据”按钮，如图 2－7 所示，以需要的格式导出，如图 2－8 所示。

图 2－7　数据采集完成

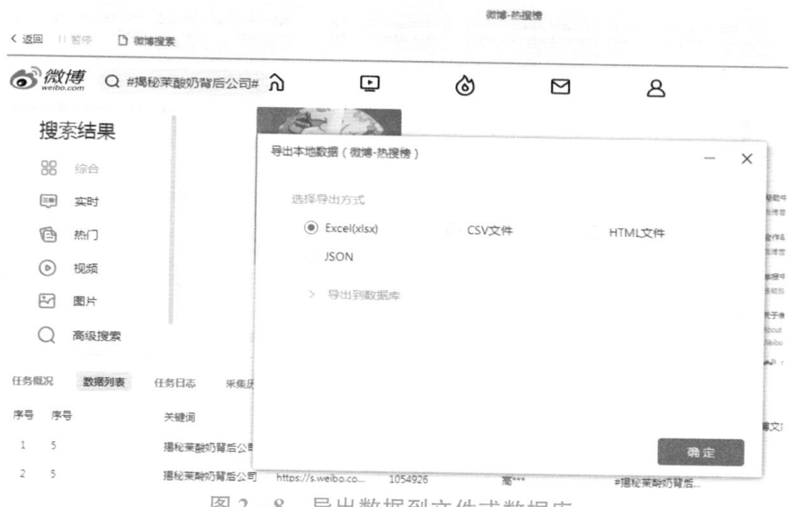

图 2－8　导出数据到文件或数据库

通过“采集模板”创建并保存的任务，会放在“我的任务”中。在“我的任务”界面，可以对任务进行多种操作，并查看任务采集到的历史数据，如图 2－9 所示。

图 2－9　在“我的任务”中查看采集任务

小提示

“采集模板”小部分是免费的，大部分是收费的。模板中的字段是固定的，无法自行增加字段。

2. 自定义采集数据

除了使用模板采集数据外，还可以通过自定义采集数据。自定义采集数据有两种方式：①智能识别，只需输入网址，自动智能识别网页上的数据，自动生成采集流程；②自己动手配置采集流程，灵活应对各类采集场景，包括翻页、滚动、登录、AJAX 网页等。

（1）使用智能识别采集数据

微课：使用智能识别采集数据

智能识别就是能根据网址，自动智能识别网页数据。我们经常会到网站上查阅通知公告，人工翻页查阅非常耗时，这时可以使用八爪鱼采集器智能识别，采集出通知、公告标题及链接，用户就可以在采集出的列表中快速找到对应的标题，用浏览器打开链接查看通知公告。示例网址：https://www.csit.edu.cn/jwc/414/list.htm。

步骤 1：在采集器首页输入框中，输入目标网址，单击“开始采集”按钮，如图 2-10 所示。八爪鱼自动打开网页并开始智能识别，如图 2-11 所示。

步骤 2：智能识别成功，一个网页可能有多组数据，八爪鱼会将所有数据识别出来，然后智能推荐最常用的那组。

步骤 3：同时，可自动识别出网页的滚动和翻页。此示例网址，无须滚动，只需翻页，故只识别并勾选“翻页采集”，如图 2-12 所示。

步骤 4：自动识别完成后，单击“生成采集设置”按钮，可自动生成相应的采集流程，方便用户编辑修改。

图 2-10　输入网址开始采集

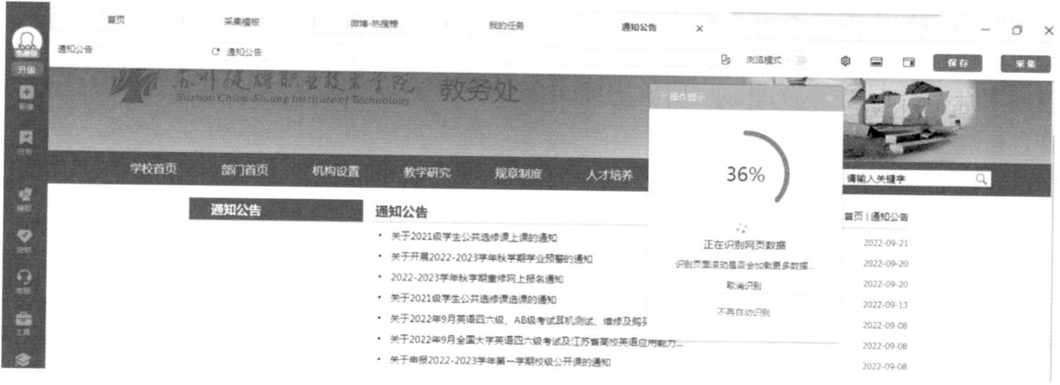

图2-11　八爪鱼采集器智能识别网页数据

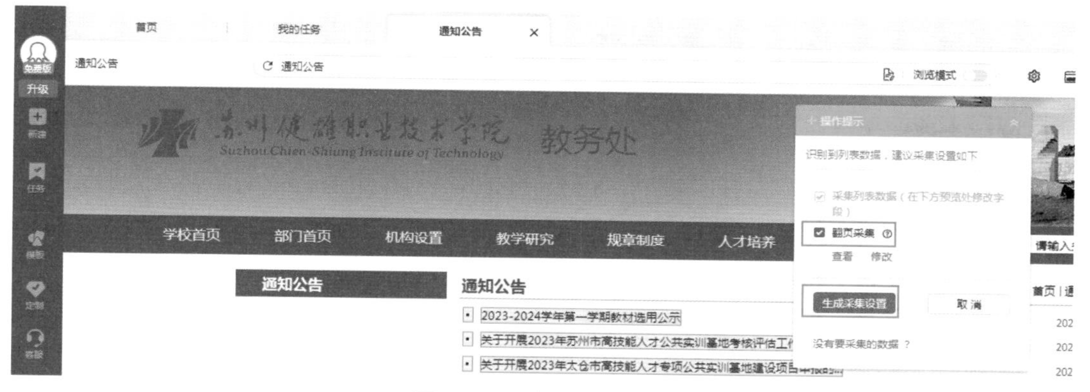

图2-12　自动识别翻页

步骤5：单击屏幕右上角的“采集”按钮，单击本地采集的“普通模式”按钮，如图2-13所示，八爪鱼就会开始全自动采集数据。

图2-13　采集数据

步骤6：采集完成后，以所需的方式导出数据即可。

(2) 自己动手配置采集流程

智能识别支持自动识别列表型网页数据、滚动和翻页。如果要采集列表型网页中每个详情页中的数据，智能识别采集就力不从心了，这时需要自己动手配置采集流程。

微课：采集列表页面详情页数据

以百度百家号为例。现在有一个百家号资讯列表的网页：

https://www.baidu.com/s?tn=news&rtt=1&bsst=1&cl=2&wd=%E6%95%B0%E6%8D%AE%E9%87%87%E9%9B%86&medium=2

如图 2-14 所示，网页上有很多资讯链接，单击每个资讯链接进入详情页，每个详情页都有资讯标题、百家号头像、百家号、发布时间、正文等字段。使用八爪鱼采集器采集详情页中的字段，并保存为 Excel 等结构化的数据，具体步骤如下。

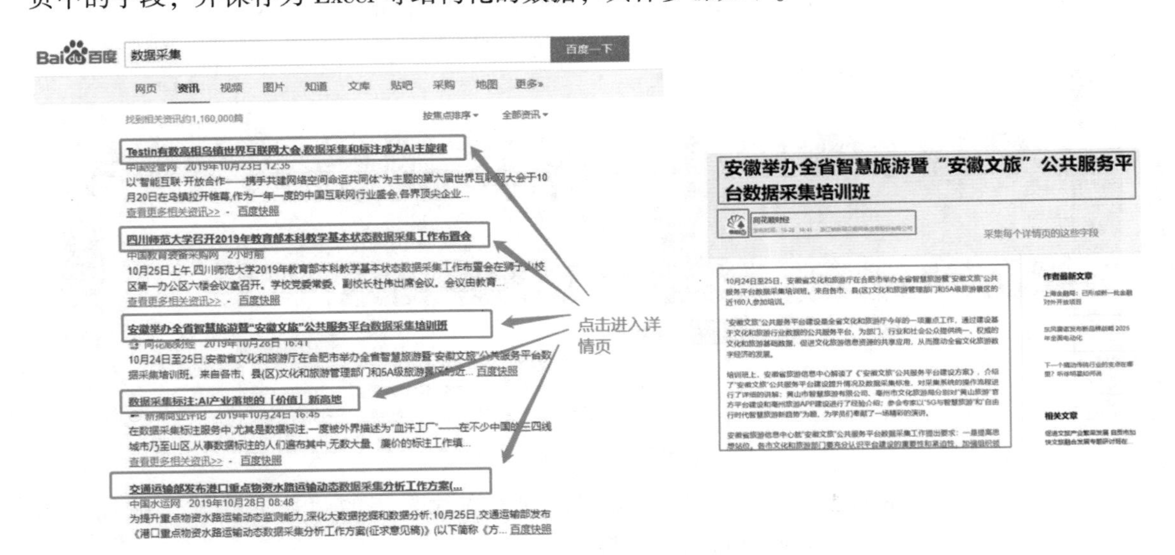

图 2-14　列表网页及详情页

步骤 1：输入网址。

在首页输入框中输入目标网址，单击“开始采集”按钮。

步骤 2：建立“循环-单击元素-提取数据”。

观察网页，通过在此网页上单击资讯标题进入详情页。在八爪鱼中，通过建立“循环-单击元素-提取数据”的步骤，可实现识别页面上所有标题链接，并按顺序依次单击以进入详情页，然后再提取每个详情页中的数据。

建立“循环-单击元素-提取数据”需特定步骤，下面为具体步骤。

①选中页面上第 1 个链接。选中后的第一个标题链接会被绿色框框起来。同时出现黄色操作提示框，提示我们发现了同类链接（同类链接会被红色虚线框框起来）。

②在黄色操作提示框中，选择“选中全部”。我们是想要按顺序单击每个链接的，所以选择“选中全部”，如图 2-15 所示，全部标题链接都被选中了，被绿色框框起来。

③在黄色操作提示框中，选择“循环点击每个链接”，如图 2-16 所示。选择以后，发现页面跳转到了第 1 个链接的详情页。

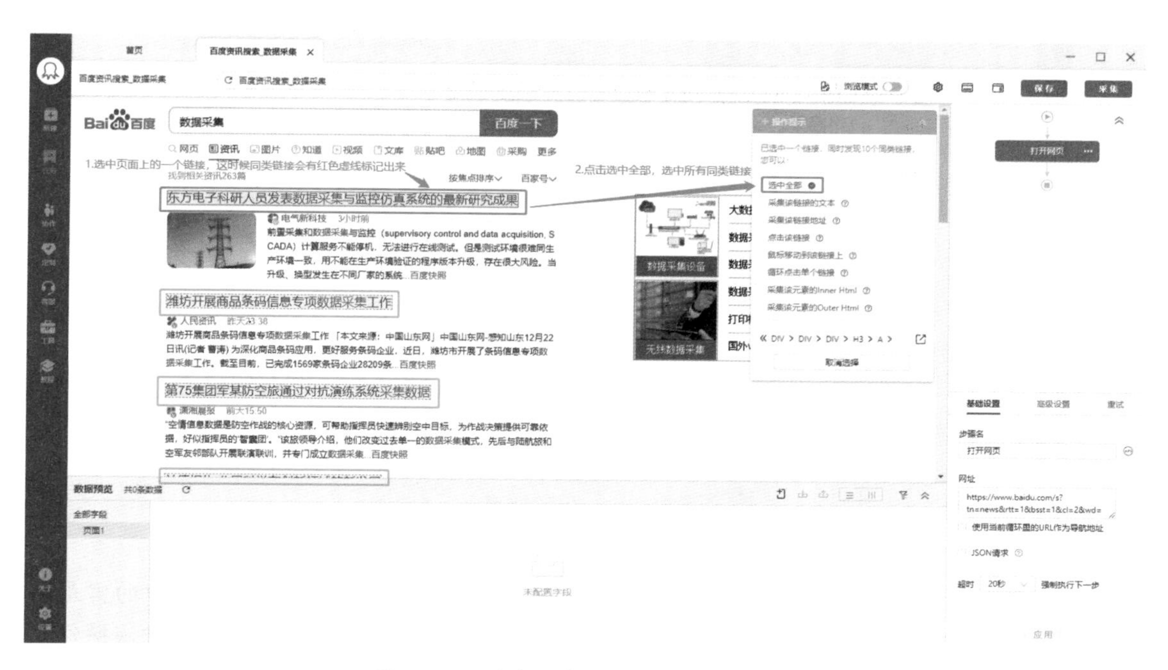

图 2－15　选中一个链接并“选中全部”

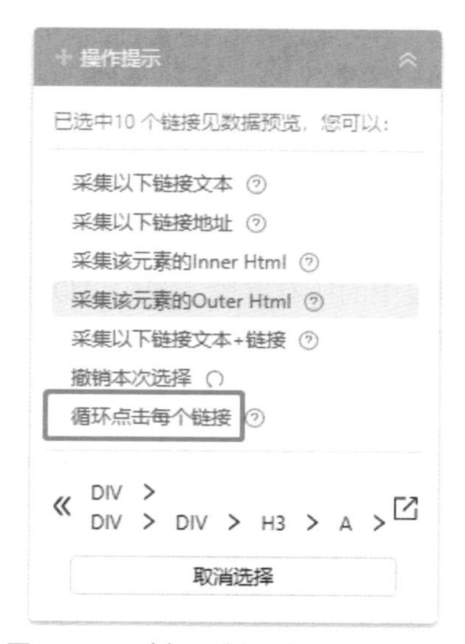

图 2－16　选择“循环点击每个链接”

④提取数据。将页面中的标题、百家号头像、百家号、发布时间、正文字段提取下来。图 2－17 所示是提取标题。

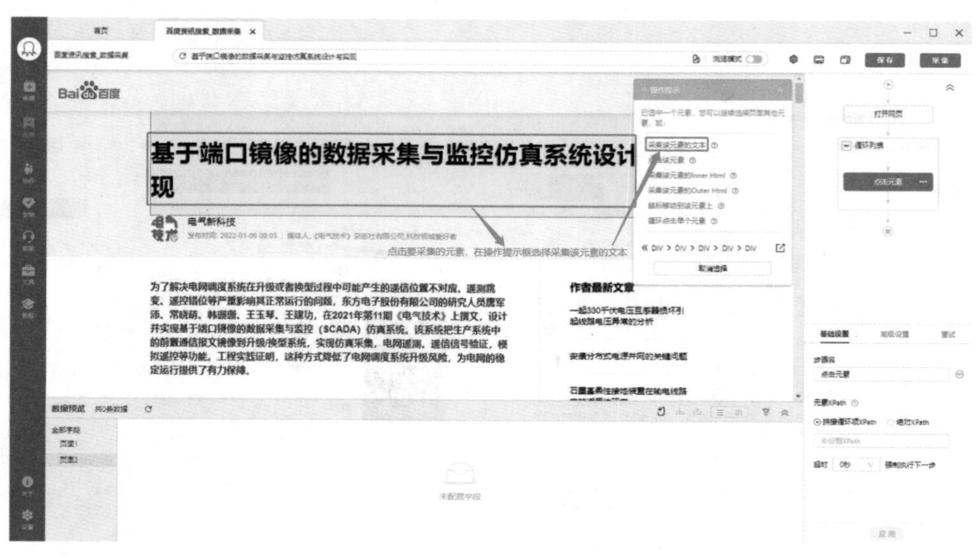

图 2－17　提取数据

小提示

选中 1 个链接即可，第几个无所谓，第 1 个、第 2 个、第 3 个都可以。选中的需是可进入详情页的链接。一般的网页，其链接会放在标题里，但是也有例外。有时候操作提示框中出现的不是“循环点击每个链接”，而是“循环点击每个元素”，或者“循环点击每个图片”，本质是一样的。步骤①～④是连续指令，连续不中断，才能建立“循环列表”。

经过以上 4 步，循环列表创建完成。流程图中自动生成了 1 个循环步骤。循环中的项，对应着页面上所有标题链接。启动采集以后，八爪鱼就会按照循环中的顺序，依次单击每个链接进入详情页，再提取每个详情页中的字段。

步骤 3：编辑字段。

八爪鱼自动为我们提取了列表中的所有字段，我们可以对这些字段进行删除、修改字段名称等操作。编辑字段有两种布局（横向布局和纵向布局），如图 2－18 所示。

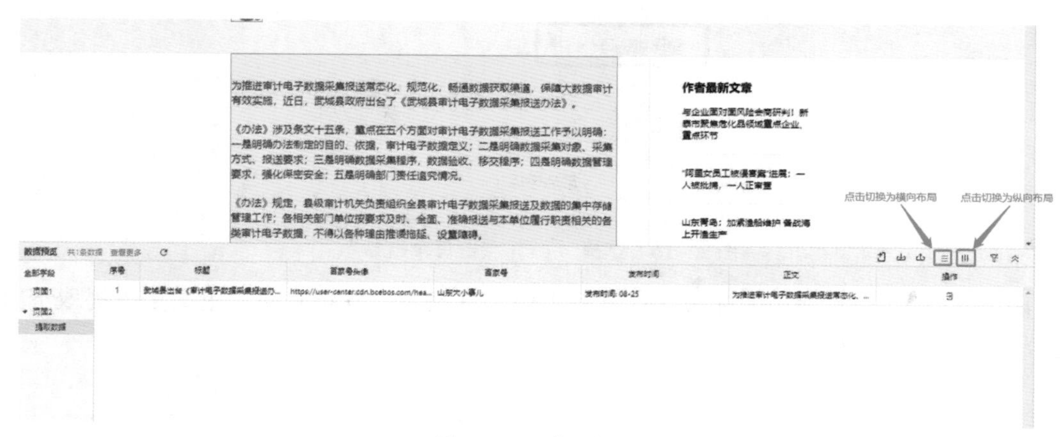

图 2－18　布局切换

横向布局下编辑字段：鼠标双击字段名，可修改字段名称；鼠标移动到 ··· 按钮上，可对字段进行更多操作，如删除、复制、格式化等。

纵向布局下编辑字段：在字段名称处双击即可修改字段名；在右侧 ··· 按钮上可以对字段进行删除、复制、格式化等操作。

步骤4：启动采集。

①修改完字段名后，整个规则编辑完成，单击“保存”按钮，然后单击“采集”按钮，再单击“立即启动”按钮，如图2－19所示，启动后，八爪鱼开始全自动采集数据。

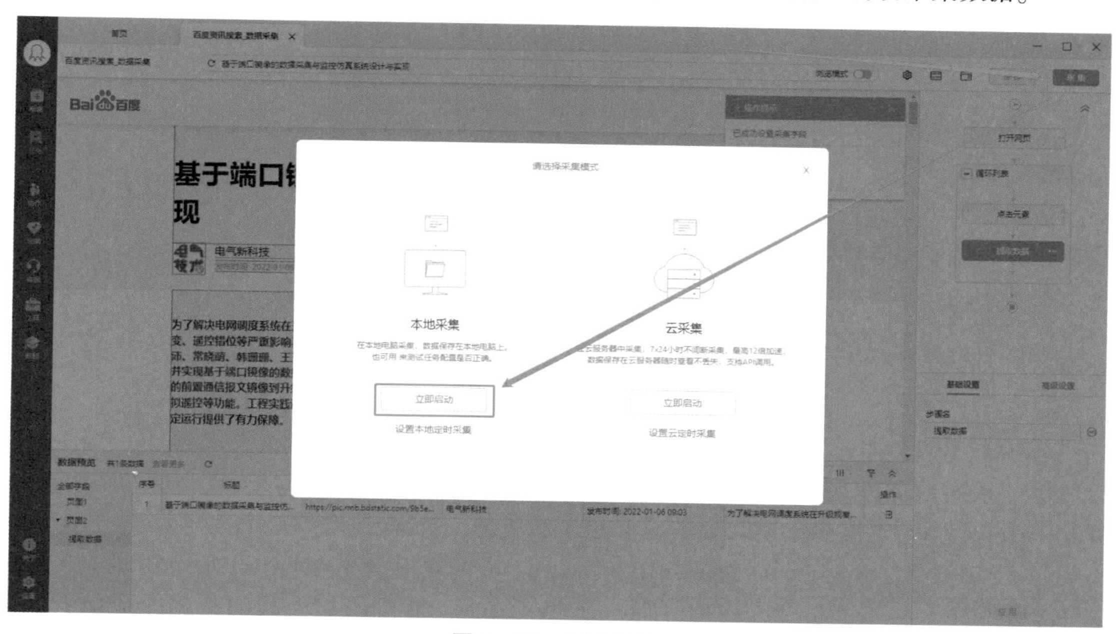

图2－19　启动采集

②采集完成后，选择合适的导出方式导出数据。支持导出为Excel、CSV、HTML。

同步实训

采集豆瓣读书 Top 250 数据

1. 实训目的

掌握使用八爪鱼工具采集数据的方法。

2. 实训内容及步骤

①找到豆瓣读书 Top 250 网址。

②使用八爪鱼工具进行自定义采集数据。

【素养小提示】

数据有用但应“爬取有道”

任务小结

八爪鱼采集器是一个功能强大的互联网数据采集工具，可以简单、快速地将网页数据转换为结构化数据，存储为 Excel、CSV、JSON 或 HTML 文件或存储到数据库中。八爪鱼采集器进行数据采集有两种模式：使用模板采集数据和自定义配置采集数据。自定义配置采集数据可以根据自己配置的采集流程采集网页数据。

小提示

数据采集要遵循三个原则：合法原则，不得窃取或者以其他非法方式获取个人信息；正当原则，不得以欺骗、误导、强迫、违约等方式收集个人信息；必要原则，满足信息主体授权目的所需的最少个人信息类型和数量。

任务3 获取数据库中的数据

问题引入▶

很多情况下，我们需要对客户已有的数据进行可视化，客户拥有大量丰富的数据，这些数据存储在客户的数据库中，那么如何获取数据库中的数据呢？

解决方法▶

可以利用数据库管理工具 Navicat 导出表数据。

任务实施▶

Navicat 是香港卓软数码科技有限公司生产的图形化数据库管理及发展软件，Navicat 可以管理一系列数据库系统，例如 MySQL、MariaDB、Oracle、SQLite、PostgreSQL 及 Microsoft SQL Server 等，它支援多重连线到本地和远端数据库。Navicat 系列产品有 Navicat Premium、Navicat for MySQL、Navicat for MongoDB、Navicat for SQL Server、Navicat for SQLite、Navicat for PostgreSQL、Navicat for MariaDB、Navicat for Oracle。管理不同类型的数据库应该安装对应的 Navicat 产品。

1. 连接数据库服务器

本书以获取 MySQL 服务器中的数据为例，其他类型数据库数据的获取类似。

首先需要到 Navicat 官网（http://www.navicat.com.cn/products）下载并安装 Navicat for MySQL 产品，可以免费试用 14 天。

步骤 1：启动软件。将软件安装完成后，双击桌面上的快捷图标启动 Navicat for MySQL。

步骤 2：设置连接属性。在软件窗口的左上角有一个“连接”按钮，单击后会弹出一个连接属性的提示框，首先给“连接”起一个合适的名字，然后输入正确的连接信息，如图 2-20 所示。如果是要管理远程的数据库，在 IP 地址栏内输入正确的 IP 地址即可。

步骤 3：连接成功后，在左侧的导航窗口中会看到本机所有的 MySQL 数据库，如图 2-21 所示。

步骤 4：右键单击一个灰色的数据库，在右键菜单中包含打开数据库、关闭数据库、新建数据库、删除数据库、数据库属性、运行 SQL 文件、转储 SQL 文件和数据传输等命令，如图 2-22 所示。

图 2-20　设置连接信息

图 2-21　连接成功

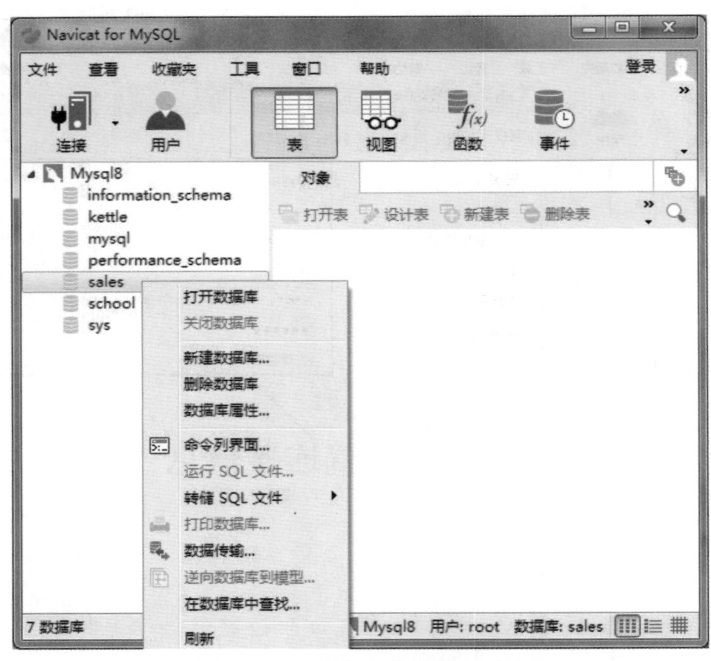

图 2－22　对数据库的操作菜单

2. 导出表数据

使用 Navicat 可以将表数据导出为文本文件、JSON 文件、CSV 文件、Excel 文件、XML 文件等。

步骤 1：打开数据表所在的数据库，此时显示数据库中的所有表。单击选中要导出数据的数据库表，右击，在弹出的菜单中选中“导出向导”，如图 2－23 所示。

微课：导出表数据

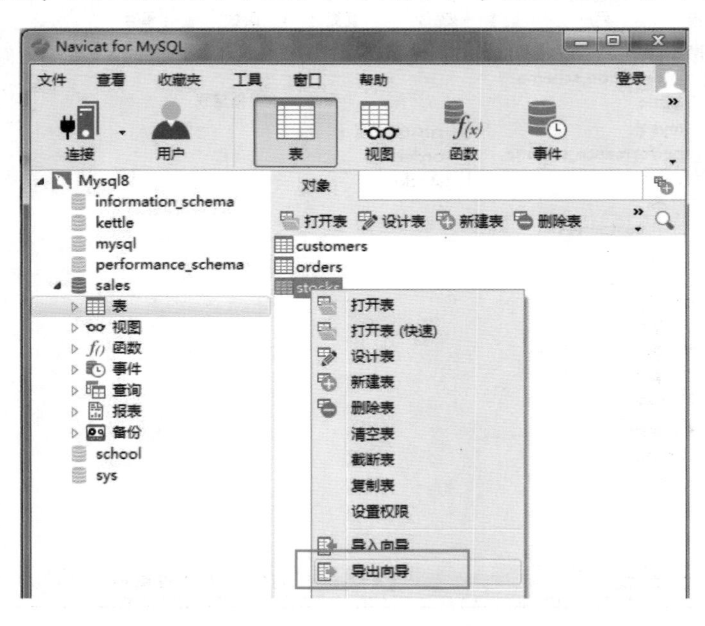

图 2－23　使用“导出向导”

步骤2：在“导出格式”对话框中选择对应的文件格式，然后单击“下一步”按钮，设置导出目录，然后单击“下一步”按钮，如图2-24所示。

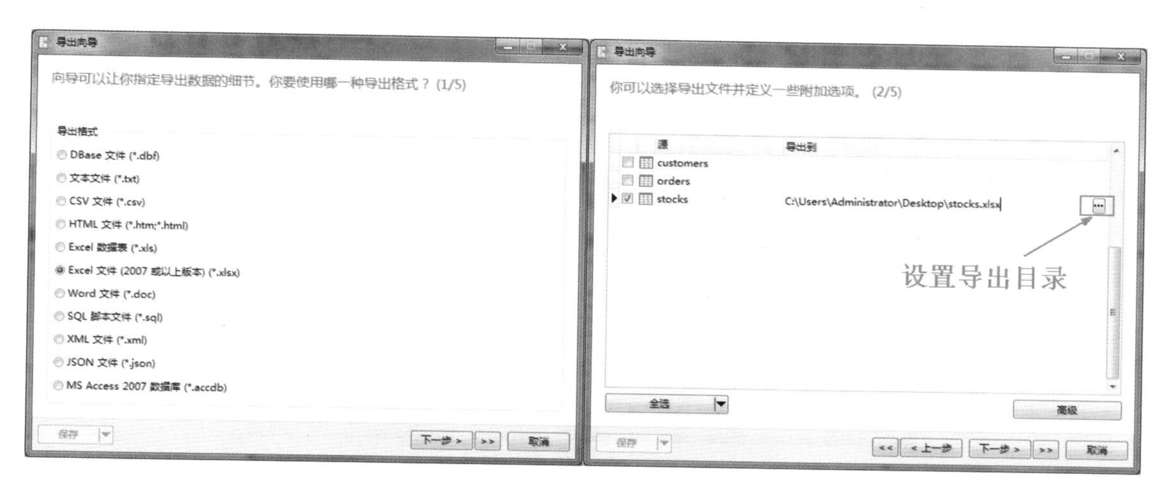

图2-24　选择导出格式及导出目录

步骤3：选择导出的数据字段范围，然后单击“下一步”按钮，设置附加选项，然后单击“下一步”按钮，如图2-25所示。

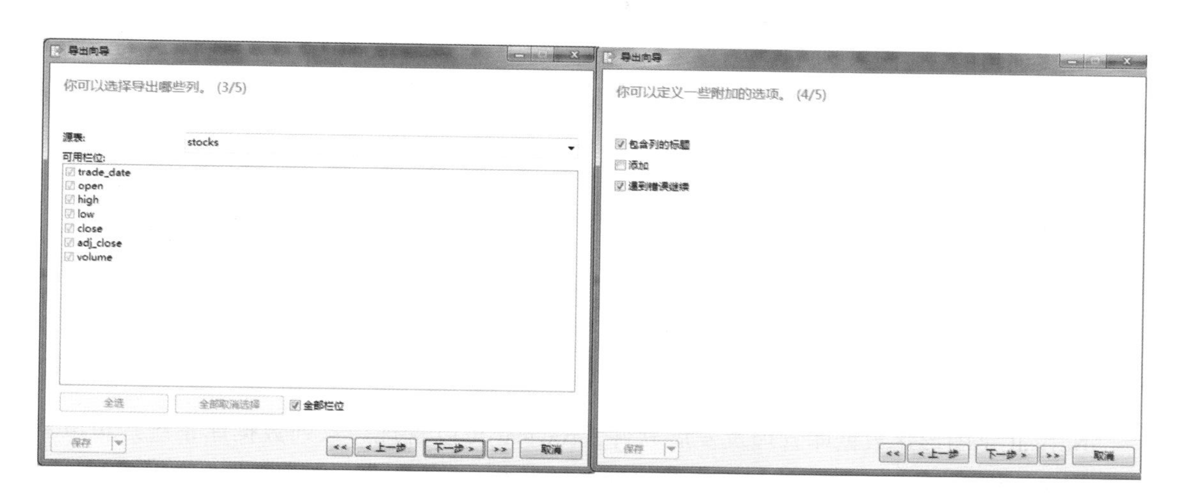

图2-25　选择导出字段并设置附加选项

步骤4：单击“开始”按钮，执行导出操作，如图2-26所示。

至此，表数据导出到指定格式文件中，为后续可视化做好数据准备。

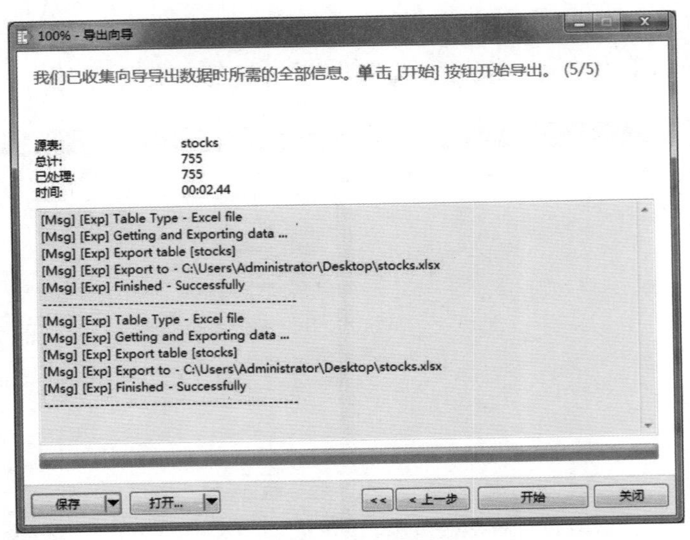

图 2－26　导出数据

同步实训

资料阅读：《中华人民共和国数据安全法》

【素养小提示】

遵守《中华人民共和国数据安全法》

1. 实训目的

理解《中华人民共和国数据安全法》，遵守《中华人民共和国数据安全法》。

2. 实训内容及步骤

①扫码学习《中华人民共和国数据安全法》。

②撰写学习体会。

任务小结

Navicat 是图形化数据库管理及发展软件，Navicat 可以管理一系列数据库系统。可以利用数据库管理工具 Navicat 将数据库中的数据表导出为 Excel 文件、文本文件、CSV 文件等。

习　题

一、选择题

1. 公开票房数据的网站是（　　）。

A. 数据堂　　B. 艺恩娱数　　C. 搜数网　　D. 新榜

2. 数据建模和数据分析竞赛平台是（　　）。

A. Kaggle　　B. 和鲸社区　　C. GitHub　　D. CEIC 数据库

3. 可以将八爪鱼采集器采集到的数据导出为（　　）。（多选）

A. Excel　　B. 文本文件(.txt)　　C. JSON　　D. CSV

4. 可以将八爪鱼工具采集到的数据导出到（　　）数据库中。(多选)

A. SQL Server　　B. MySQL　　C. Oracle　　D. SQLite

5. Navicat 中连接 MySQL 数据库服务器的端口号（　　）。

A. 8080　　B. 3306　　C. 1577　　D. 8000

6. 知识共享许可协议中，　表示（　　）。

A. 署名－非商业性使用－相同方式共享

B. 署名－非商业使用－禁止演绎

C. 署名－非商业性使用

D. 署名－禁止演绎

二、简答题

1. 主动公开的数据来源有哪些？

2. 简述采集数据时的注意事项。

项目2 习题及答案

模块 2 数据可视化入门

模块概述

将数据生成生动、形象的图表，可以直观地呈现数据的对比、趋势、相关性、比例等关系，增强数据的可读性，发现隐藏在数据背后的各种重要信息。本模块将带领读者进行可视化入门图表的制作。

内容构成

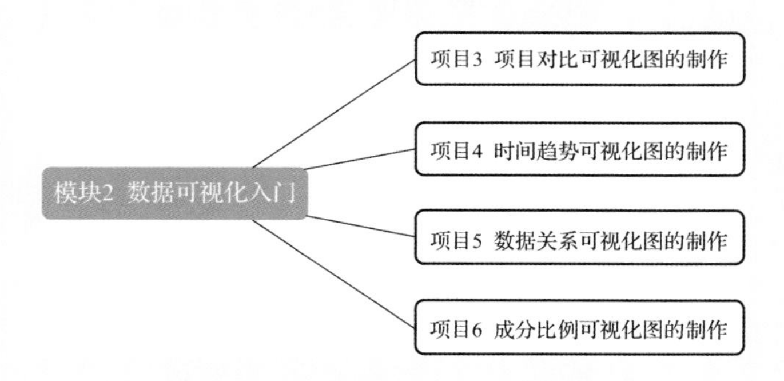

项目3

项目对比可视化图的制作

项目概述

数据对比是实际工作中经常要做的工作之一，常用柱形图或条形图来呈现对比。本项目将介绍典型的项目对比可视化图（柱形图、条形图和漏斗图）的制作。

学习目标

知识目标	了解常用的项目对比可视化图，掌握使用 WPS 表格、ECharts、pyecharts 绘制柱形图和条形图
能力目标	会制作柱状图、条形图
素养目标	深刻认识“上下同心、尽锐出战、精准务实、开拓创新、攻坚克难、不负人民”的脱贫攻坚精神，能在学习及工作中体悟应用

工作任务

任务 1 绘制柱形图※☞
任务 2 绘制条形图※☞
任务 3 绘制漏斗图

※全国职业院校技能大赛（大数据技术与应用）竞赛内容
☞1 + X 职业技能标准——大数据应用开发（Python）职业技能中级

任务1 绘制柱形图

问题引入

柱形图是一种以长方形的长度为变量的统计图表，用来显示一段时间内的数据变化或者各项之间的比较情况。这些年老百姓的生活越来越好，消费水平日益提高，来自国家统计局的数据显示2021年我国社会消费品零售总额达到44.1万亿元，比2012年增长1.1倍，年均增长8.8%。我国已经成为全球第二大商品消费市场，消费“主引擎”动力强劲，为构建新发展格局、推动高质量发展、创造高品质生活提供了有力支撑。2016—2021年我国社会消费品零售总额情况见表3-1。

表3-1 社会消费品零售总额

时间	社会消费品零售总额/亿元	比上年增长/%
2016年	315 806.2	10.2
2017年	347 326.7	10
2018年	377 783.1	8.8
2019年	408 017.2	8
2020年	391 980.6	-3.9
2021年	440 823	12.5

那么如何绘制展现以上数据的柱形图?

解决方法

可以使用WPS表格、ECharts、pyecharts绘制柱形图。

任务实施

簇状柱形图是最普通也是最常用的图表，簇状柱形图主要用来对比各个项目。当要比较的数据不多时，使用簇状柱形图是比较合适的。

子任务1 使用WPS表格绘制柱形图

对于簇状柱形图来说，要重点做好以下几个设置：

①设置柱形的填充颜色；

②设置分类间距和系列重叠；

③设置数据标签；

④设置坐标轴；

⑤设置网格线；

⑥用互补色表示负值。

微课：使用WPS表格绘制柱形图

1. 设置柱形的填充颜色

打开 WPS 表格，选中社会消费品零售总额数据表的时间及社会消费品零售总额（亿元）列，插入簇状柱形图，如图 3－1 所示。

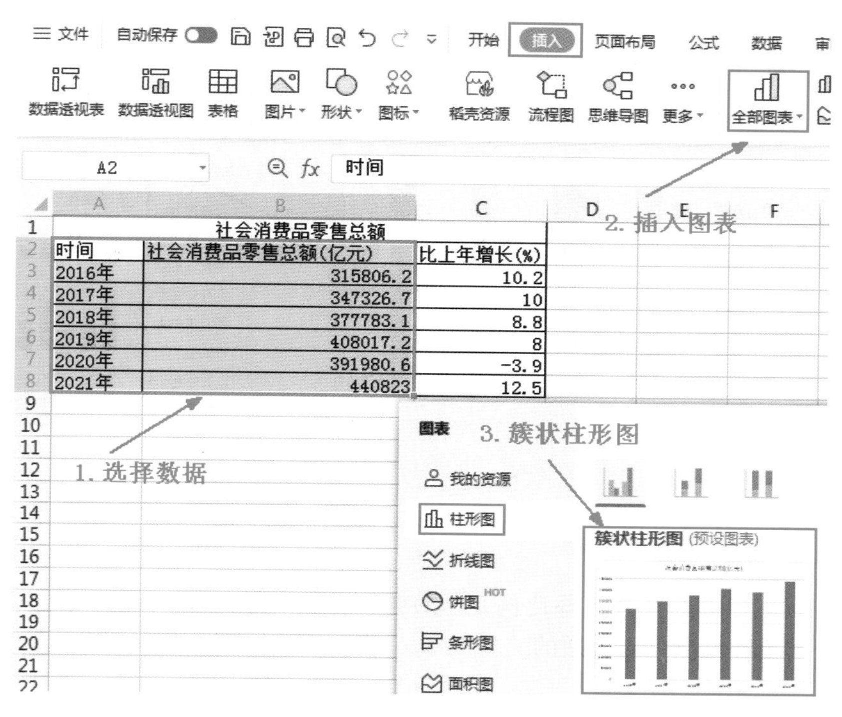

图 3－1　插入簇状柱形图

这样就生成了一张簇状柱形图，如图 3－2 所示。

图 3－2　生成的簇状柱形图

选中柱形，打开图表工具，设置系列的填充颜色，如图 3－3 所示。

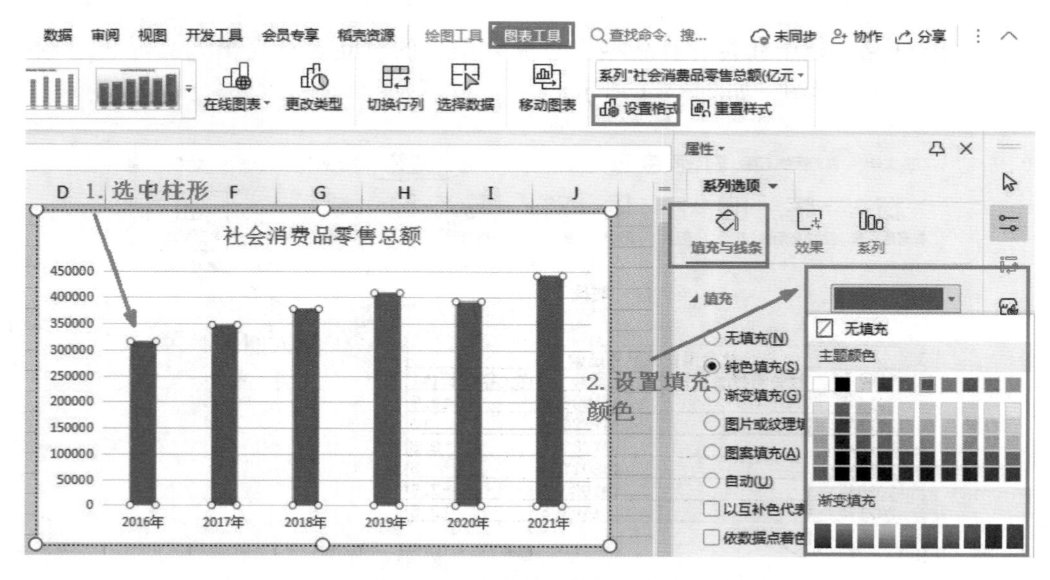

图 3－3　设置柱形的填充颜色

2. 设置分类间距和系列重叠

默认情况下，柱形的系列重叠比例是－27%，分类间距是 219%，如图 3－4 所示。这样的分类间距和重叠比例是不合适的。

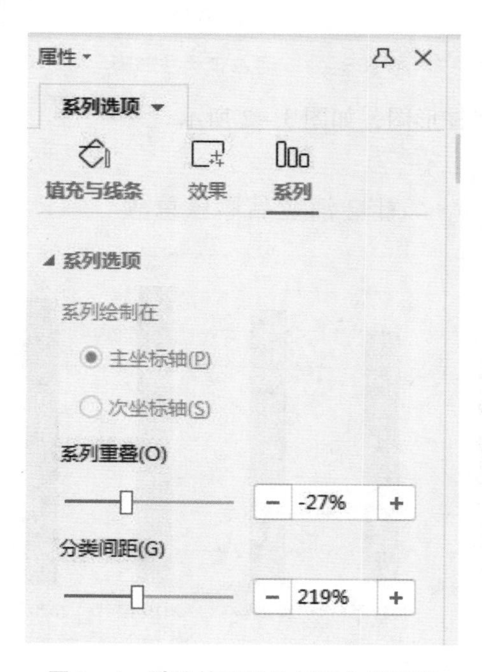

图 3－4　默认的重叠比例和分类间距

分类间距，就是柱形之间的间距。这个间距一般设置为60%~90%比较合适，过大过小都不是太好。将分类间距设为60%后的效果如图3－5所示。

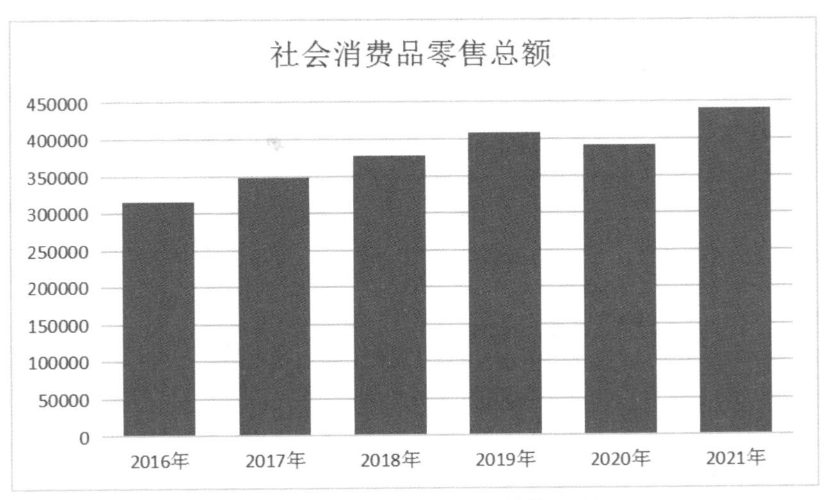

图3－5　设置分类间距后的柱形图

系列重叠，就是不同数据系列柱形之间是否重叠，重叠多少。对于多个系列的柱形图来说，合理设置这个比例，可以让图表更加清晰。

3. 设置数据标签

在数据系列不多的情况下，显示数据标签可以直接看出每根柱子的大小。在添加元素菜单下可以添加数据标签，如图3－6所示。选择"更多选项"，可以对数据标签进行位置设置、数字格式设置，如图3－7所示。

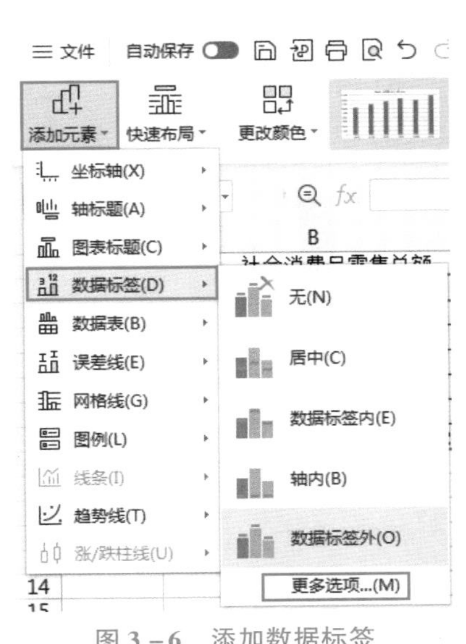

图3－6　添加数据标签

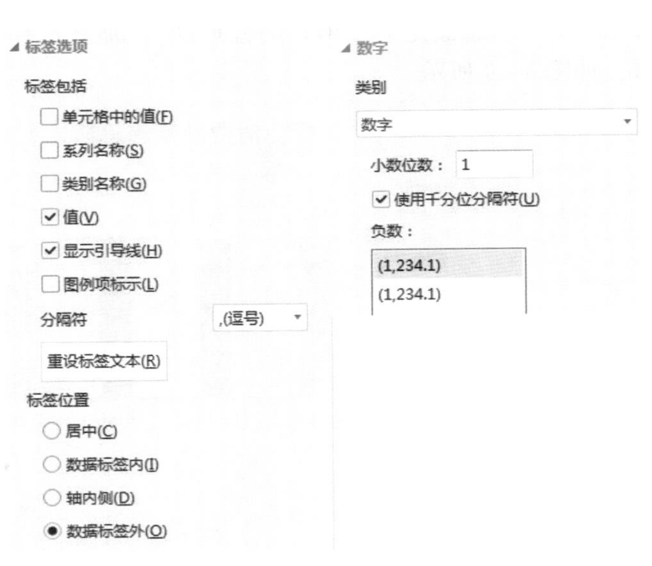

图3－7　设置数据标签

4. 设置坐标轴

选中横坐标和纵坐标，可以打开“坐标轴”选项卡，设置坐标轴的边界、单位、刻度线标记、坐标轴标签位置、数字格式、对齐方式、坐标轴文字方向等，如图 3－8 所示。

图 3－8　设置坐标轴

不论什么图表，坐标轴标签的位置默认是“轴旁”。但是，如果存在负值（比如绘制社会消费品零售总额比上年增长的柱形图），那么这种标签位置就会使得图表变得不舒服起来，如图 3－9 所示。

图 3－9　数据存在负值

解决的方法是，将标签位置设置为“低”，如图 3－10 所示。这样，图表就变得清晰多了，如图 3－11 所示。

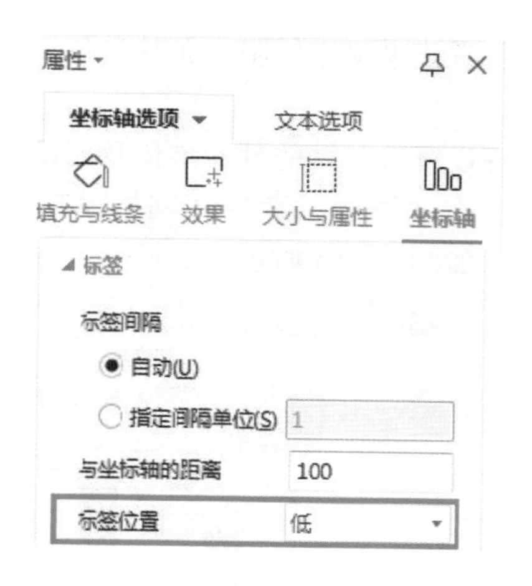

图3－10　设置轴标签位置

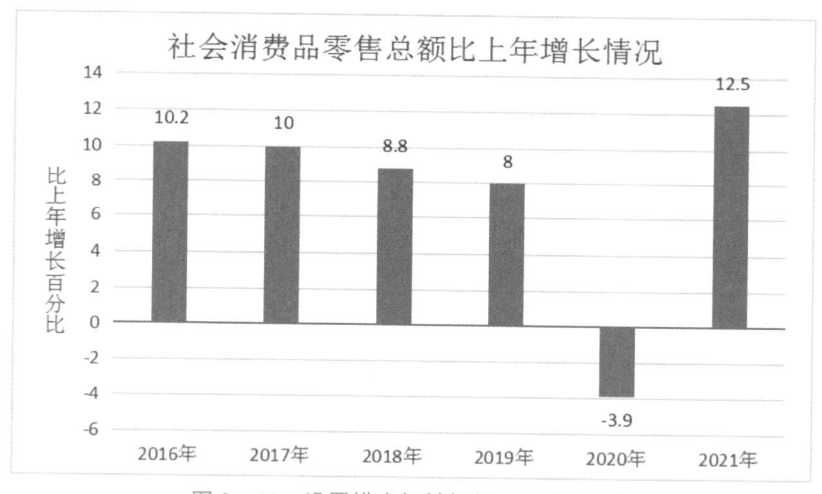

图3－11　设置横坐标轴标签位置为“低”

可以添加坐标轴标题，设置标题文字方向，如图3－12所示。

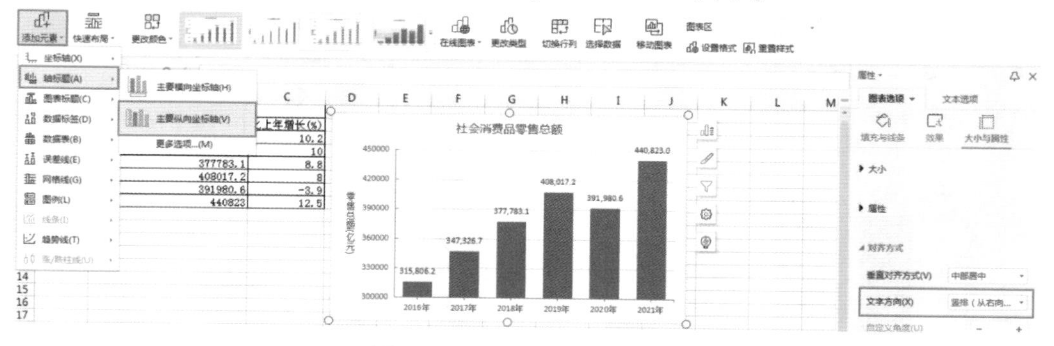

图3－12　添加并设置轴标题

5. 设置网格线

默认情况下，柱形图会有横向的数值轴水平网格线，这个线条一般情况下是不用的，可以删除，因为它会把柱形切割，看起来很不舒服。尤其是数据系列很多的情况下，这个网格线的存在会使得图表更加混乱。

当是一个数据系列时，合理设置数值轴的刻度单位及网格线的颜色和线型，则会使得图表变得丰富起来，也便于阅读。在“添加元素”→“网格线”中，添加对应的网格线，在右侧的网格线选项中可设置线条，如图 3－13 所示。

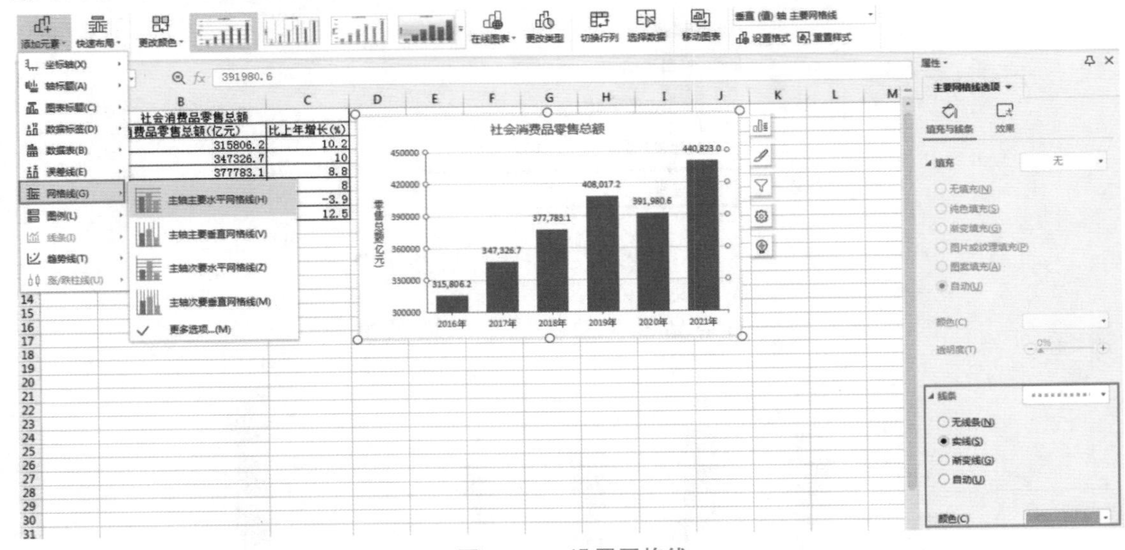

图 3－13　设置网格线

6. 用互补色表示负值

如果一个数据系列数据有正有负，可以将柱形用互补色来表示，正数是一种颜色，负数是另一种颜色。设置的方法如下。

①选中柱形，打开“系列选项”。

②在“填充与线条”中，选择“以互补色代表负值”复选框。

③从右侧的颜色拾取框中，设置负值的颜色，如图 3－14 所示。

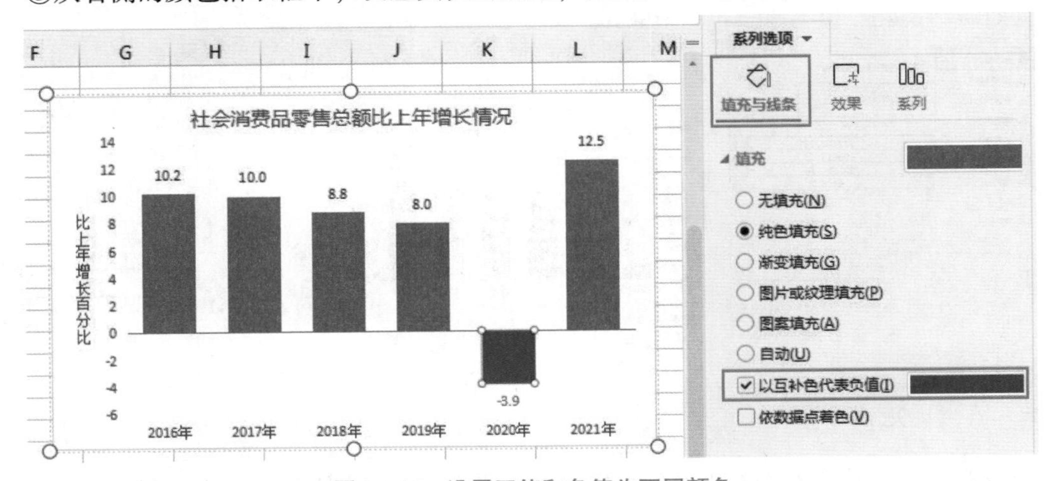

图 3－14　设置正值和负值为不同颜色

图 3－15 所示为最终绘制好的社会消费品零售总额柱形图和社会消费品零售总额比上年增长情况柱形图。

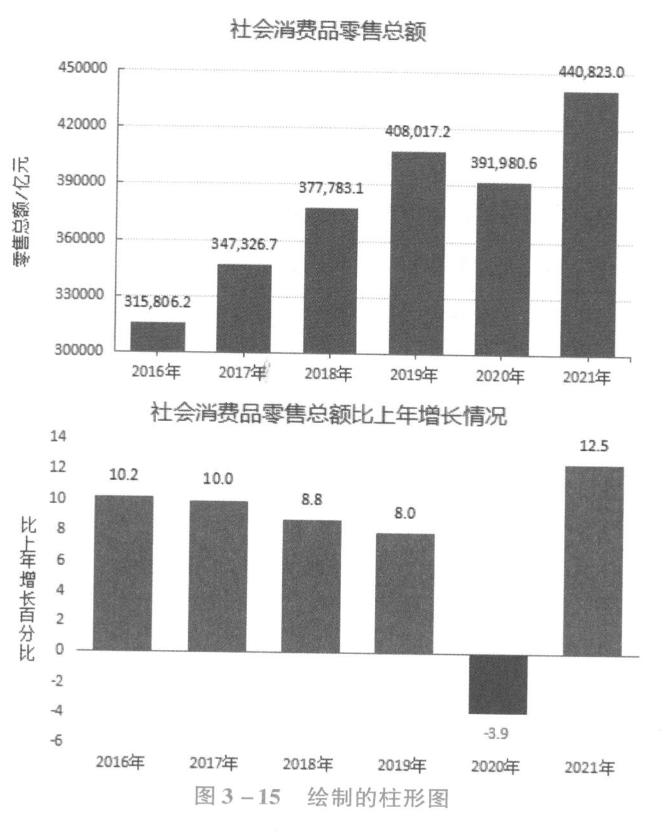

图 3－15　绘制的柱形图

子任务 2　使用 ECharts 绘制柱形图※

在使用 ECharts 绘图前，需要对 EChatrs 常用组件进行了解，图 3－16 中标注了常用组件。

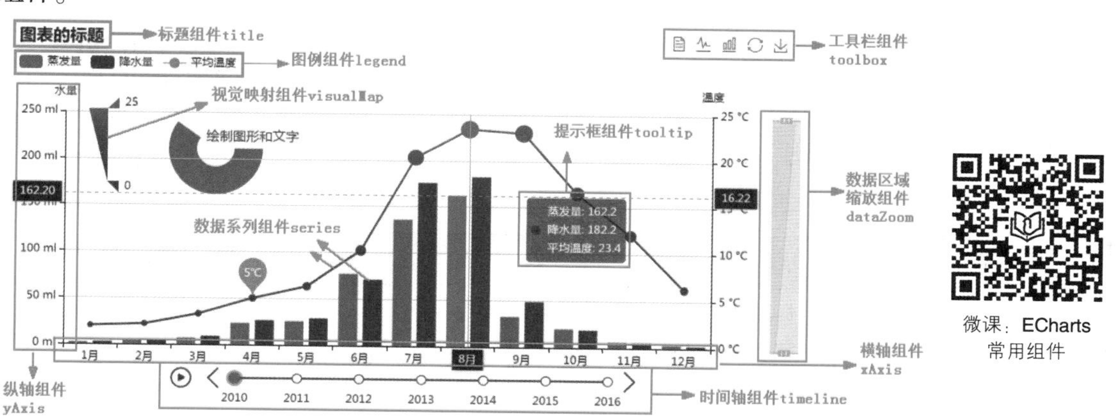

图 3－16　ECharts 常用组件示意图

ECharts 图形就是由这些常用组件组成的，ECharts 的常用组件简单介绍见表 3 – 2。

表 3 – 2　ECharts 的常用组件

名称	描述
title	标题组件，用于设置图表的标题
xAxis	直角坐标系中的横轴，通常默认为类目型
yAxis	直角坐标系中的纵轴，通常默认为数值型
legend	图例组件，用于表述数据和图形的关联
dataZoom	数据区域缩放，用于展现大量数据时选择可视范围
visualMap	视觉映射组件，用于将数据映射到视觉元素
toolbox	工具箱组件，用于为图表添加辅助功能，如添加标线、框选缩放等
tooltip	提示框组件，用于展现更详细的数据
timeline	时间轴，用于展现同一系列数据在时间维度上的多份数据
series	数据系列，一个图表可能包含多个系列，每个系列可能包含多个数据

绘制 ECharts 图形的步骤如下：

步骤 1：引入 ECharts。通过标签方式直接引入构建好的 ECharts 文件。

步骤 2：在绘图前，需要为 ECharts 准备一个具备高、宽的 DOM 容器。

步骤 3：使用 echarts. init 方法初始化 ECharts 实例，指定图表的配置项和数据，使用指定的配置项和数据显示图表。

小提示

绘制不同形式的 ECharts 图形，只需要在步骤 3 中设置配置项和数据，常用的配置项就是表 3 – 2 中的 ECharts 组件。更多配置项内容可以查看官网配置项手册：https://echarts. apache. org/zh/option. html。

1. 设置 ECharts 柱形的配置项

微课：使用 ECharts 绘制柱形图

社会消费品零售总额柱形图需要的配置项见表 3 – 3。

表 3 – 3　配置项明细

名称	配置要求
标题（title）	显示标题为“社会消费品零售总额”； 标题字体大小 20，颜色 rgba（255，85，0，1）； 标题在上方居中显示
提示框（tooltip）	坐标轴触发（主要在柱状图、折线图等会使用类目轴的图表中使用）； 阴影指示器

续表

名称	配置要求
坐标轴（xAxis）	显示轴标签、坐标轴、轴刻度； 刻度线和标签对齐
坐标轴（yAxis）	显示坐标轴名称； 名称显示在轴中间； 设置坐标轴名称与轴线距离； 设置坐标轴名称字体大小； 显示轴标签、坐标轴、轴刻度（刻度在轴内显示），设置轴刻度最大值、最小值； 设置网格线线型、颜色、线宽
工具箱（toolbox）	显示工具箱，配置相关工具配置项
系列（series）	显示柱形图； 系列名称为社会消费品零售总额； 设置柱条的宽度； 设置数据； 在柱条的顶部显示数据标签

2. 标准柱形图常用配置参数代码

```
option = {
        title: {//标题
            text: '社会消费品零售总额',
            textStyle: {//设置标题文本样式
                fontSize: 20,
                color: 'rgba(255, 85, 0, 1)'
            },
            left: 'center',
        },
        tooltip: {//提示框
            trigger: 'axis',//触发类型
            axisPointer: {
                type: 'shadow'
            }
        },
        xAxis: {
            type: 'category',
            data: ['2016年', '2017年', '2018年', '2019年', '2020年', '2021年'],
            axisTick: {//轴刻度
                alignWithLabel: true
            }
        },
        yAxis: {
```

```
            type: 'value',
            name: '零售总额(亿元)',
            nameRotate: -90,//旋转。从-90度到90度。正值是逆时针
            //坐标轴名称显示位置,三种:'start'、'middle'或'center','end'
            nameLocation: 'middle',
            nameGap: 60,//坐标轴名称与轴线之间的距离
            nameTextStyle: {
               fontSize: 14
            },
            min: 300000,//坐标轴刻度最小值
            max: 450000,
            axisLine: {//轴线
                  show: true
            },
            axisTick: {//轴刻度
                  show: true,
                  inside: true
            },
            splitLine: {//坐标轴在grid区域中的分隔线
                  lineStyle: {
                        color: "rgba(174, 172, 172, 1)",
                        type: "dotted",
                        width: 2
                  }
            }
      },
      toolbox:{//工具栏
            show:true,
            feature:{//各工具配置项
                  mark:{show:true},
                  dataView:{show:true,readOnly:false},
                  magicType:{show:true,type:['line','bar']},
                  restore:{show:true},
                  saveAsImage:{show:true}
            }
      },
      series: [{
            name: '社会消费品零售总额',
            type: 'bar',//柱形图
            barWidth: '60%',//柱条的宽度
            label: {//数据标签
                  show: true,
                  position: "top"//标签的位置,支持top/left/right/bottom/inside等
            },
            data: [315806.2, 347326.7, 377783.1, 408017.2, 391980.6, 440823]
      }]
};
```

通过设置系列组件的 type 参数值为 bar，可以显示柱形图。

其他 html 代码请参考项目 1 任务 2 中创建的第一个 Charts 图表。运行网页文件后，显示的柱形图如图 3 – 17 所示。

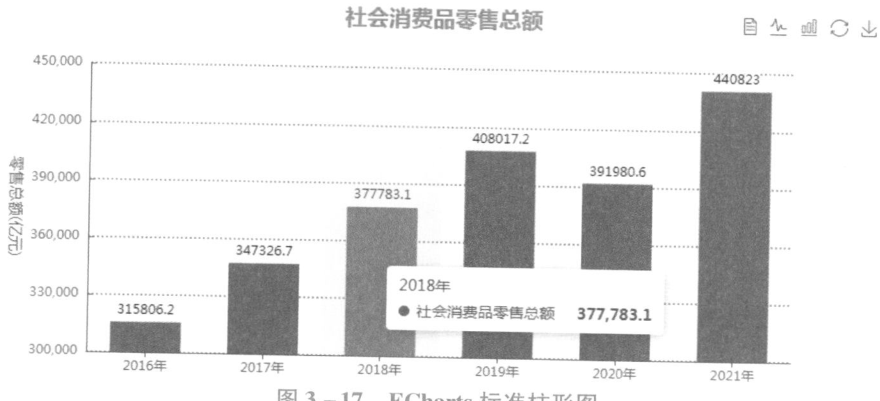

图 3 – 17　ECharts 标准柱形图

3. 自定义单个柱子颜色

使用 ECharts 可以自定义单个柱子的颜色，只需要在相应系列数据上进行图形样式的设置。比如，社会消费品零售总额比上年增长情况柱形图中负值柱子的颜色设为红色，显示效果如图 3 – 18 所示。

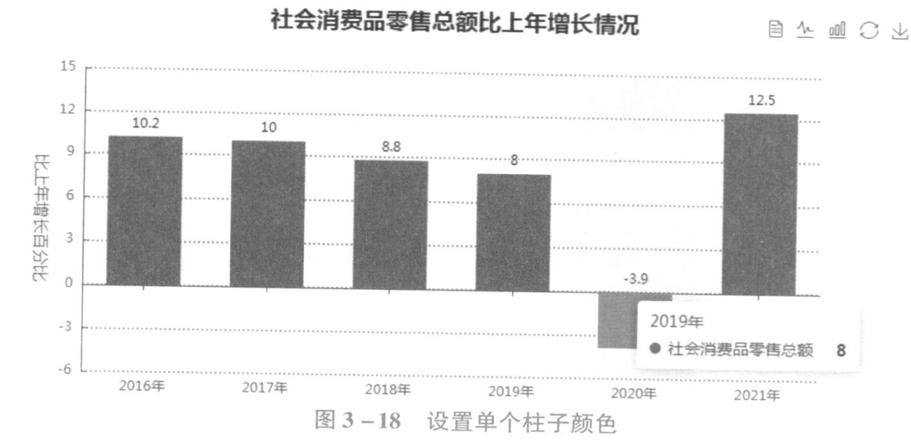

图 3 – 18　设置单个柱子颜色

只需要在 series. data 中相应数据上进行图形样式的设置。

```
series: [{
        name: '社会消费品零售总额',
        type: 'bar',//柱形图
        barWidth: '60%',//柱条的宽度
        label: {//数据标签
            show: true,
            position: "top"//标签的位置,支持 top/left/right/bottom/inside 等
        },
        data: [10.2,
```

```
            10,
            8.8,
            8,
            {
                value: -3.9,
                itemStyle: {
                    color: 'red'
                }
            },
            12.5]
    }]
```

4. 绘制堆叠柱形图

堆叠柱形图多用于对比分析多个项目的场合，而这些项目的合计数正好是要考察的总数。堆叠柱形图适合少量类别的对比，并且对比信息特别清晰。堆叠柱形图显示单个项目与整体之间的关系，可以形象地展示一个大分类包含的每个小分类的数据，以及各个小分类的占比情况，使图表更加清晰。当需要直观地对比整体数据时，不适合用簇状柱形图而适合用堆叠柱形图。表 3－4 的数据来源于世界银行等国际组织。

微课：使用 ECharts 绘制堆叠柱形图

表 3－4　地区各类人口比重

地区	0～14 岁	15～64 岁	65 岁及以上
越南	23.06	69.79	7.15
东帝汶	43.61	52.84	3.56
哈萨克斯坦	27.93	65.08	6.99
吉尔吉斯斯坦	31.84	63.67	4.49
塔吉克斯坦	35.25	61.28	3.47

在 ECharts 中，同一个类目轴上系列配置相同的 stack 值可以堆叠放置。注意：目前 stack 只支持堆叠于 value 和 log 类型的类目轴上，不支持 time 和 category 类型的类目轴。

配置参数关键代码为：

```
option = {
        legend:{ //图例
            data:['0-14 岁','15-64 岁','65 岁及以上']
        },
        series:[
        { //第一个系列的配置
            name: '0-14 岁',
```

```
            type: 'bar',//柱形图
            barWidth: '60%',//柱条的宽度
            label: {//数据标签
                show: true,
                position: "inside"
            },
            stack:'人口',//系列配置相同的 stack 值可以堆叠放置
            data: [23.06,43.61,27.93,31.84,35.25]
        },
        {
            name: '15-64 岁',
            type: 'bar',//柱形图
            barWidth: '60%',//柱条的宽度
            label: {//数据标签
                show: true,
                position: "inside"
            },
            stack:'人口',//系列配置相同的 stack 值可以堆叠放置
            data: [69.79,52.84,65.08,63.67,61.28]
        },
        {
            name: '65 岁及以上',
            type: 'bar',//柱形图
            barWidth: '60%',//柱条的宽度
            label: {//数据标签
                show: true,
                position: "inside"
            },
            stack:'人口',//系列配置相同的 stack 值可以堆叠放置
            data: [7.15,3.56,6.99,4.49,3.47]
        },

    ]
};
```

显示效果如图 3-19 所示。

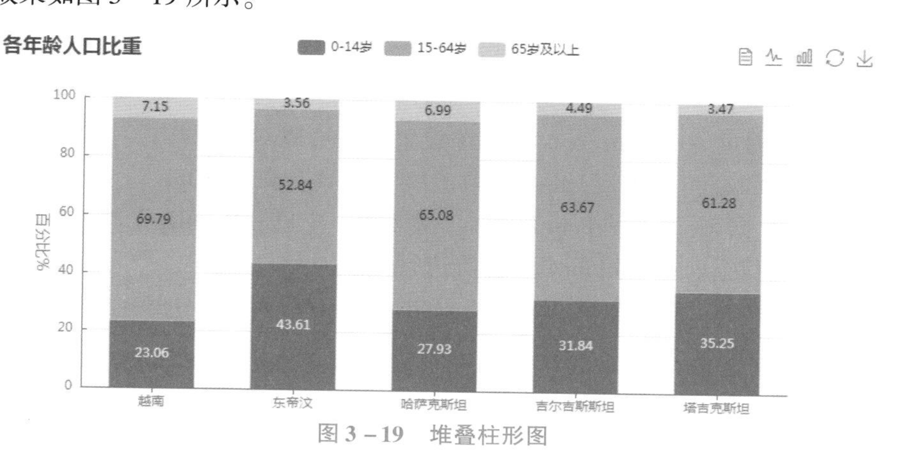

图 3-19　堆叠柱形图

子任务3　使用 pyecharts 绘制柱形图★

大数据应用开发（Python）职业技能等级标准

微课：认识 pyecharts 全局配置项及系列配置项

使用 pyecharts 库绘制图形大致可以分为创建图形对象、添加数据、设置系列配置项、设置全局配置项、渲染图片 5 个步骤。

在 pyecharts 库中可以通过链式调用的方式设置初始配置项、系列配置项和全局配置项。

1. 全局配置项

全局配置项是通过 set_global_opts( ) 方法设置的，可以对标题、图例、工具箱、提示框、视觉映射、区域缩放这些项目进行配置，如图 3－20 所示。

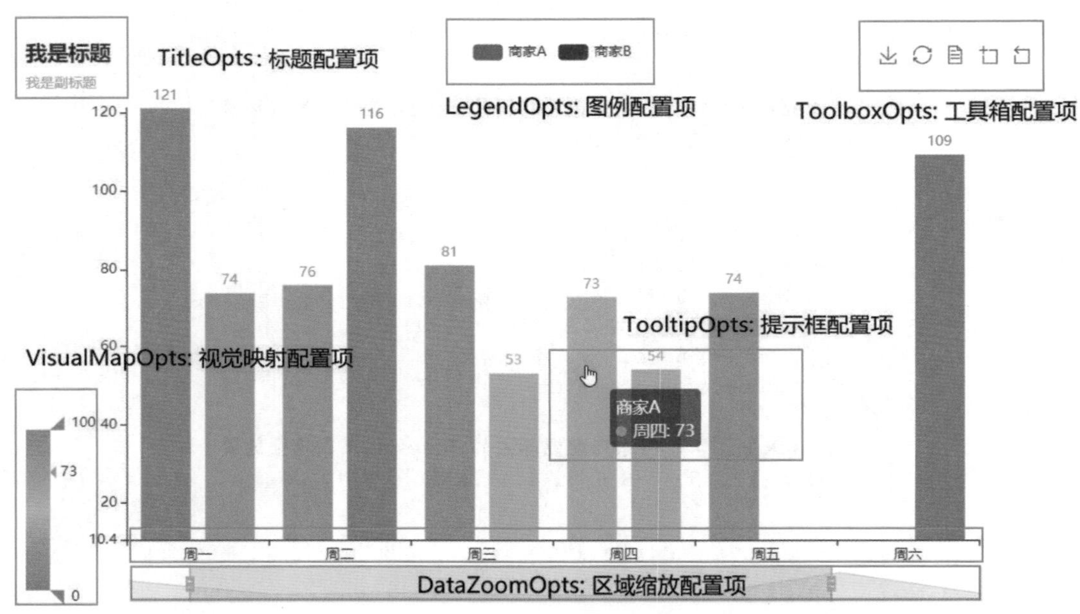

图 3－20　全局配置项项目

全局配置项包含的设置参数见 https://pyecharts.org/#/zh－cn/global_options。

2. 系列配置项

系列配置项是通过 set_series_opts( ) 方法设置的，可以对图元样式（ItemStyleOpts）、文字样式（TextStyleOpts）、标签（LabelOpts）、线样式（LineStyleOpts）、分割线（SplitLineOpts）、标记点数据项（MarkPointItem）、标记点（MarkPointOpts）、标记线数据项（MarkLineItem）、标记线（MarkLineOpts）等进行配置。

系列配置项包含的设置参数见 https://pyecharts.org/#/zh－cn/series_options。

3. 绘制基础柱形图

可使用 Bar 类绘制条形图或柱形图。Bar 类的基本使用格式如下：

```
class Bar(init_opts = opts.InitOpts()) #1. 设置初始配置项
        #2. 添加 x 轴数据项
        .add_xaxis(xaxis_data)
        #3. 添加 y 轴数据项
        .add_yaxis(series_name,y_axis,is_selected = True,xaxis_index = None,yax-
is_index = None,is_legend_hover_link = True,color = None,is_show_background = False,
background_style = None,stack = None,bar_width = None,bar_max__width = None,bar_min_
width == None,bar_min_height = 0,category_gap = '20%',gap = '30%',is_large = False,
large_threshold = 400,dimensions = None,series_layout_by = 'column',dataset_index =
0,is_clip = True,z_level = 0,z = 2,label_opts = opts.LabelOpts(),markpoint_opts = None,
markline_opts = None,tooltip_opts = None,itemstyle_opts = None,encode = None)
        .set_series_opts()  #4. 设置系列配置项
        .set_global_opts()  #5. 设置全局配置项
```

以上代码可以总结出柱形图绘图步骤：

①设置 Bar 类初始配置项；

②添加 x 轴数据项；

③添加 y 轴数据项；

④设置系列配置项；

⑤设置全局配置项；

⑥渲染图形。

Bar 类的常用参数见表 3－5。

表 3－5　Bar 类的常用参数

参数名称	说明
init_opts = opts. InitOpts( )	表示设置初始配置项
add_xaxis( )	表示添加 x 轴数据项
xaxis_data	接收 Sequence，表示 x 轴数据项。无默认值
add_yaxis( )	表示添加 y 轴数据项
series_name	接收 str，表示系列名称，用于 tooltip 的显示、legend 的图例筛选。无默认值
y_axis	接收 numeric、opts. BarItem、dict 型序列数据，表示系列数据。无默认值
is_selected	接收 bool，表示是否选中图例。默认为 True
xaxis_index	接收 numeric，表示使用的 x 轴的 index，在单个图表实例中存在多个 x 轴的时候有用。默认为 None
yaxis_index	接收 numeric，表示使用的 y 轴的 index，在单个图表实例中存在多个 y 轴的时候有用。默认为 None
is_legend_hover_link	接收 bool，表示是否启用图例在 hover 时的联动高亮。默认为 True

续表

参数名称	说明
color	接收 str，表示系列 label 颜色。默认为 None
is_show_background	接收 bool，表示是否显示柱条的背景色。默认为 False
stack	接收 str，表示数据堆叠，同一个类目轴上系列配置相同的 stack 值可以堆叠放置。默认为 None
bar_width	接收 types. numeric、str，表示柱条的宽度，不设置时为自适应。可以是绝对值或百分数，如 40、60%。在同一坐标系上，此属性会被多个 bar 系列共享。此属性设置于此坐标系中最后一个 bar 系列上才会生效，并且是对此坐标系中所有 bar 系列生效。默认为 None
bar_max_width	接收 types. numeric、str，表示柱条的最大宽度。默认为 None
bar_min_width	接收 types. numeric、str，表示柱条的最小宽度。在直角坐标系中，默认为 1；否则，默认为 null
bar_min_height	接收 types. numeric，表示柱条最小高度，可用于防止某数据项的值过小而影响交互。默认为 0
category_gap	接收 numeric、str，表示同一系列的柱间距离。默认为 20%
set_series_opts( )	表示设置系列配置项
set_global_opts( )	表示设置全局配置项

使用 pyecharts 库绘制社会消费品零售总额的柱形图代码：

微课：使用 pyecharts 绘制社会消费品零售总额柱形图

```
    from pyecharts.charts import Bar
    from pyecharts import options as opt
    bar = (
         Bar()
         .add_xaxis(['2016 年','2017 年','2018 年','2019 年','2020 年',
'2021 年']) #添加 x 轴数据
         .add_yaxis( '社会消费品',
                      [315806.2, 347326.7, 377783.1, 408017.2, 391980.6,
440823],
                      bar_width = '60%')
         #设置全局配置项(标题配置、图例配置、y 轴配置)
         .set_global_opts(title_opts = opt.TitleOpts(title = '社会消
费品零售总额',pos_left = 'center'),#标题名称,位置
                           legend_opts = opt.LegendOpts(is_show =
False),#不显示图例
                           yaxis_opts = opt.AxisOpts(
                                min_ = 300000,#刻度最小值
                                max_ = 450000,
                                name = '总额(亿元)',#轴标题名称
```

```
                        name_gap = 60,#轴标题与轴的距离
                        name_location = 'middle',#轴标题的位置
                        name_rotate = -90)) #轴标题旋转度数
    #设置系列配置项(标签颜色及大小、柱形图颜色)
    .set_series_opts(label_opts = opt.LabelOpts(color = '#000',font_size = 14),
                        itemstyle_opts = opt.ItemStyleOpts(color = '#4f81bd'))
)
bar.render_notebook()# 将图形渲染到 notebook
```

运行以上代码生成的柱形图如图 3－21 所示。

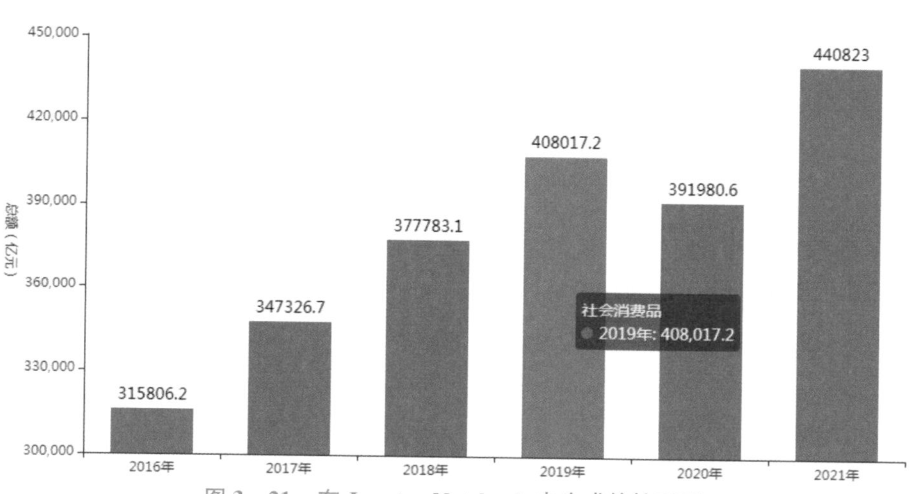

图 3－21　在 Jupyter Notebook 中生成的柱形图

小提示

安装 Jupyter Notebook 代码提示

经过以下操作，Jupyter Notebook 也可以拥有代码提示功能，方便编程：

①单击“开始”→“Anaconda Prompt”，依次输入：

pip install jupyter_contrib_nbextensions

jupyter contrib nbextension install

pip install jupyter_nbextensions_configurator

jupyter nbextensions_configurator enable

②成功之后会在 Jupyter Notebook 中出现“Nbextensions”菜单，如图 3－22 所示。

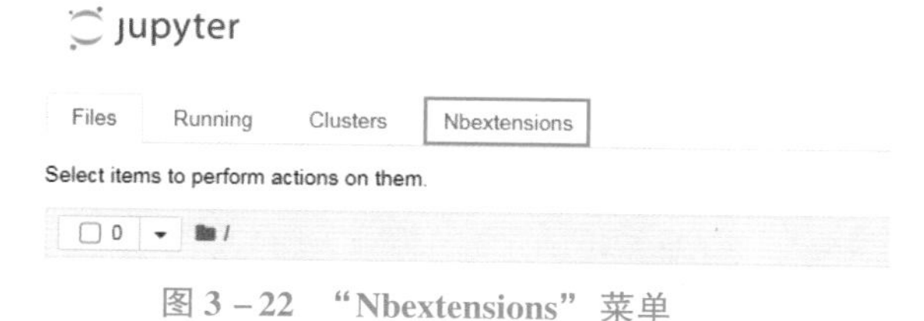

图 3－22　“Nbextensions”菜单

③勾选“Hinterland”，如图 3-23 所示。

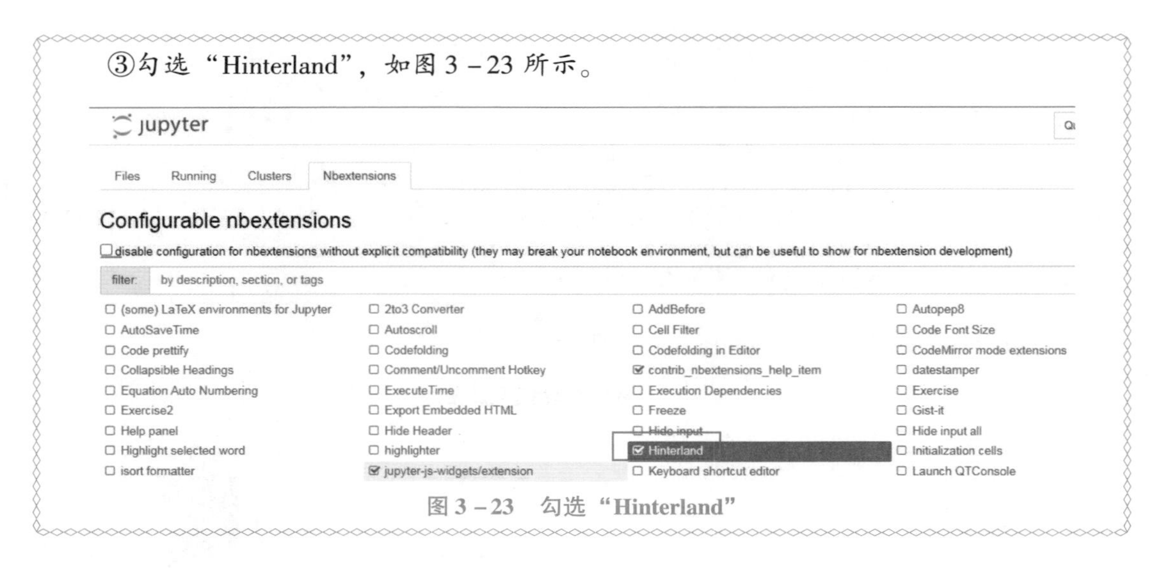

图 3-23　勾选“Hinterland”

4. 读取数据文件绘制堆叠柱形图

表 3-4 的数据存储在人口.xlsx 文件中，现在要使用 Python 读取文件中的数据，绘制堆叠柱形图，代码如下：

微课：读取数据文件绘制堆叠柱形图

```
import pandas as pd
from pyecharts.charts import Bar
from pyecharts import options as opt
report = pd.read_excel('D:/Jupyter/数据/人口.xlsx') #读取 excel 类型文件
bar = (
    Bar()
    .add_xaxis(report['地区'].tolist())
    .add_yaxis('0-14岁',report['0-14岁'].tolist(),stack='people') #数据一定是 list 类型的
    .add_yaxis('15-64岁',report['15-64岁'].tolist(),stack='people')
    .add_yaxis('65岁及以上',report['65岁及以上'].tolist(),stack='people')
    .set_global_opts(title_opts=opt.TitleOpts(title='地区各类人口比重'))
    .set_series_opts(label_opts=opt.LabelOpts(color='yellow',position='inside'))

)
bar.render_notebook()
```

微课：区域缩放项的使用

通过设置相同的 stack 值实现堆叠，pyecharts 可视化的数据必须是 list 类型，使用 read_excel 或 read_csv 方法，Pandas 可以很方便地处理 xlsx、xls、csv 文件。绘制的图形如图 3-24 所示。

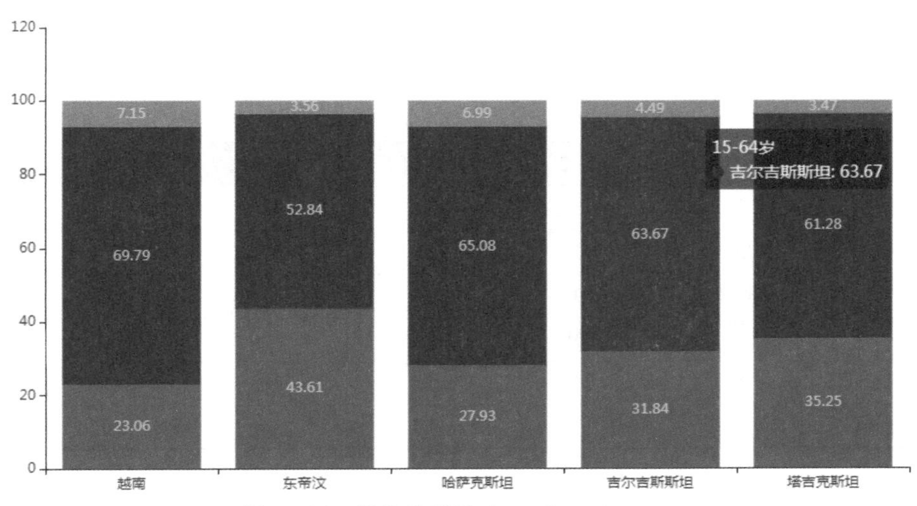

图3－24　堆叠柱形图（pyecharts）

更多柱形图案例可以访问 https://gallery. pyecharts. org/#/Bar/README。

小提示

读取数据文件代码提示

读取数据文件需要用到 pandas，pandas 可以将读取到的文件数据转成 DataFrame 类型的数据结构，可以通过操作 DataFrame 进行数据分析、数据预处理以及行和列的操作等。

read_excel 读取 Excel 类型文件，read_csv 读取 csv 类型文件，read_csv 也可以读取 txt 文件，还可以用 read_table 读取 txt 文件。

```
import pandas as pd
Report1 = pd. read_excel( 'D：/Jupyter/数据/人口 . xlsx')    #读取 Excel 类型文件
Report2 = pd. read_csv( 'D：/Jupyter/data/2015. csv')    #读取 csv 类型文件
data = pd. read_table( "data. txt")    #读取 txt 类型文件
Data = pd. read_csv( 'D：/Jupyter/数据/2015. txt')    #读取 txt 类型文件
```

同步实训

绘制堆叠柱形图

1. 实训目的

掌握使用 WPS 表格、ECharts、pyecharts 绘制堆叠柱形图。

2. 实训内容及步骤

①使用 WPS 表格将表3－6 绘制成堆叠柱形图，并添加数据标签（居中显示）、图表标题（居中显示），其中地区作为图例。

②使用 ECharts 将表3－6 绘制成堆叠柱形图，系列标签显示在内部，图表标题居中显示，地区作为图例。

③读取表 3－6. xlsx 中的数据，使用 pyecharts 绘制堆叠柱形图，系列标签显示在内部，图表标题居中显示，其中各产品作为图例。

④观察柱形图，思考哪个产品毛利最高，哪个地区毛利最高。

表 3－6　各地区 2022 年上半年各产品毛利统计

地区	产品 1	产品 2	产品 3	产品 4	产品 5	产品 6
华北	470	436	651	933	888	543
华南	806	497	578	540	927	654
华中	552	519	579	1 018	839	622
华东	1 180	1 101	461	499	501	983
西南	1 078	490	732	783	637	579
西北	1 151	1 168	402	546	1 076	668

任务小结

柱形图是一种以长方形的长度为变量的统计图表，用来显示一段时间内的数据变化或者各项之间的比较情况。簇状柱形图是最普通也是最常用的图表，簇状柱形图主要用来对比各个项目。堆叠柱形图显示单个项目与整体之间的关系，可以形象地展示一个大分类包含的每个小分类的数据，以及各个小分类的占比情况，使图表更加清晰。当需要直观地对比整体数据时，不适合用簇状柱形图而适合用堆积柱形图。

ECharts 绘制柱形图，主要就是对标题（title）、提示框（tooltip）、坐标轴（xAxis，yAxis）、工具箱（toolbox）和系列（series）等组件进行配置。

pyecharts 绘制柱形图的步骤为：

①设置 Bar 类初始配置项；

②添加 x 轴数据项；

③添加 y 轴数据项；

④设置系列配置项；

⑤设置全局配置项；

⑥渲染图形。

任务 2　绘制条形图

问题引入

改革开放之初，中国是世界上贫困人口最多的国家。2020 年，中国现行标准下农村贫困人口全部脱贫。这是人类历史上规模空前、力度最大、惠及人口最多的脱贫攻坚战。从贫困大国到小康社会，中国的减贫之路也是中国的现代化之路。

视频：摆脱贫困　中国这样走过

使用柱形图可以展示1978—2020年农村贫困人口状况，如图3-25所示。

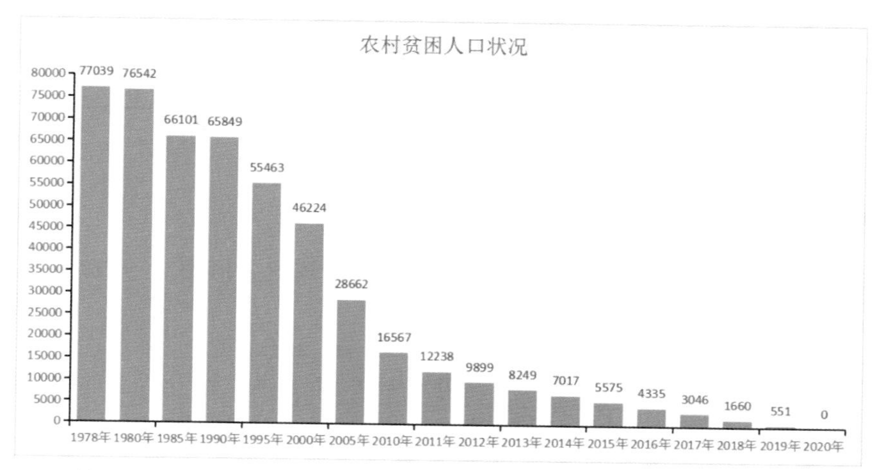

图3-25　1978—2020年农村贫困人口状况（数据来源：国家统计局）

目前是18个数据，数据量比较多，使用柱形图可视化的效果不是很好，横轴标签显得比较拥挤，当图片整体尺寸缩小后，会出现数据标签重叠、坐标轴标签变少等问题，如图3-26所示，影响了数据可视化效果。

【素养小提示】

“上下同心、尽锐出战、精准务实、开拓创新、攻坚克难、不负人民”的脱贫攻坚精神

二维码

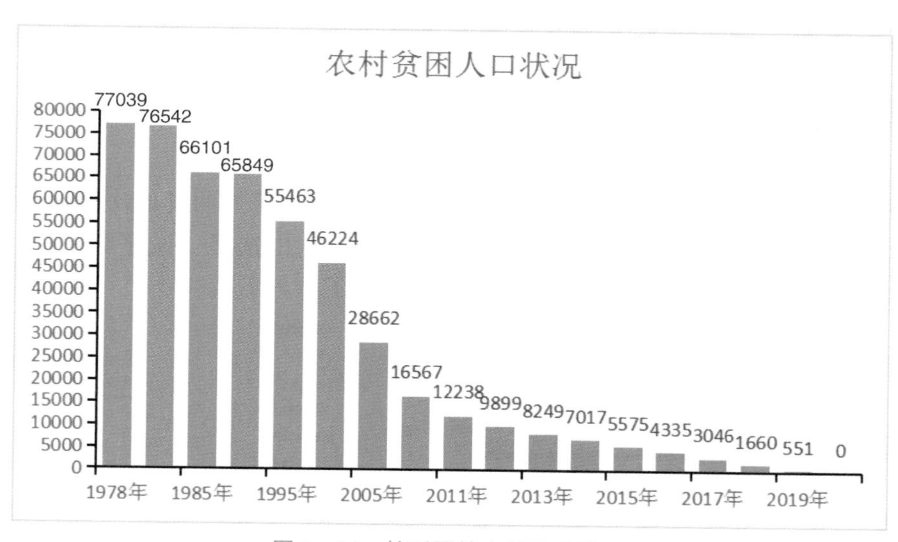

图3-26　柱形图缩小后的效果

那么如何解决以上问题，提升可视化效果呢？

解决方法

可以使用条形图。

任务实施

从外观上看，柱形图和条形图十分相似，只是柱条方向不同而已。它们的主要使用场景区别如图3-27所示。

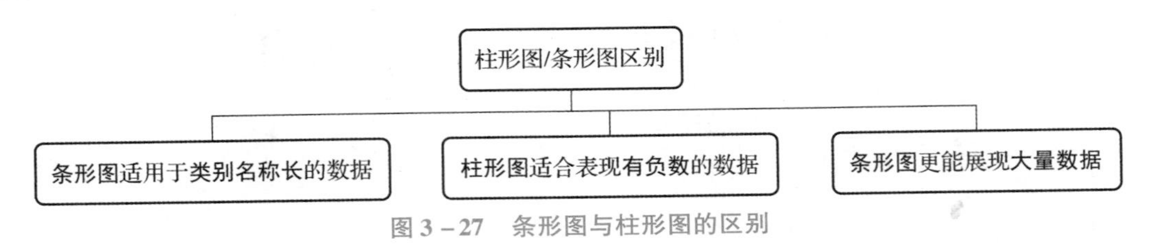

图 3－27　条形图与柱形图的区别

子任务 1　使用 WPS 表格绘制条形图

在 WPS 表格中选中表格数据，单击“插入”→“条形图”→“簇状条形图”，可以生成条形图，如图 3－28 所示。

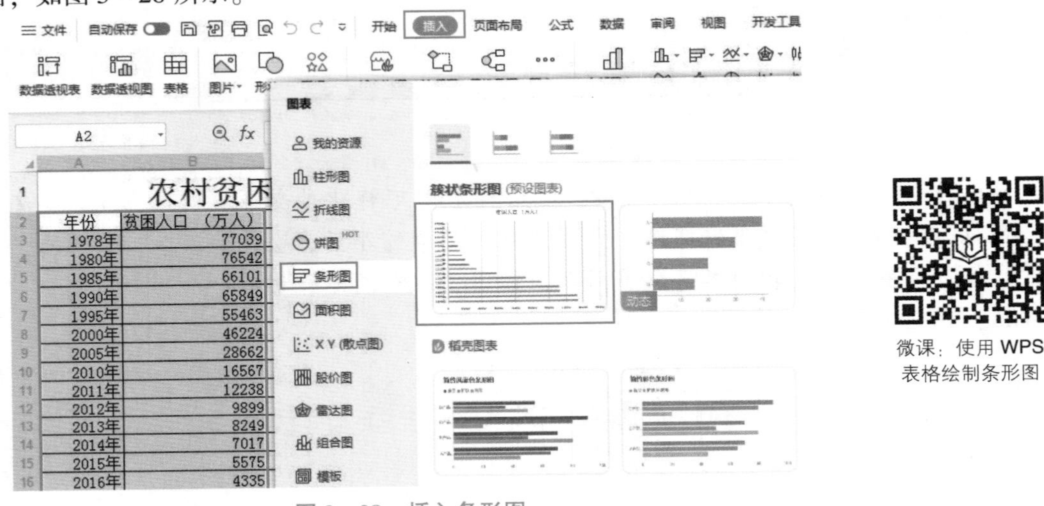

图 3－28　插入条形图

默认的条形图纵轴的标签值与数据表里的数据上下次序相反，若要两者的次序保持一致，可以设置分类轴格式，就是在“坐标轴选项”的“坐标轴”中选择“逆序类别”，如图 3－29 所示。这样工作表的次序与条形图的次序就保持一致了。

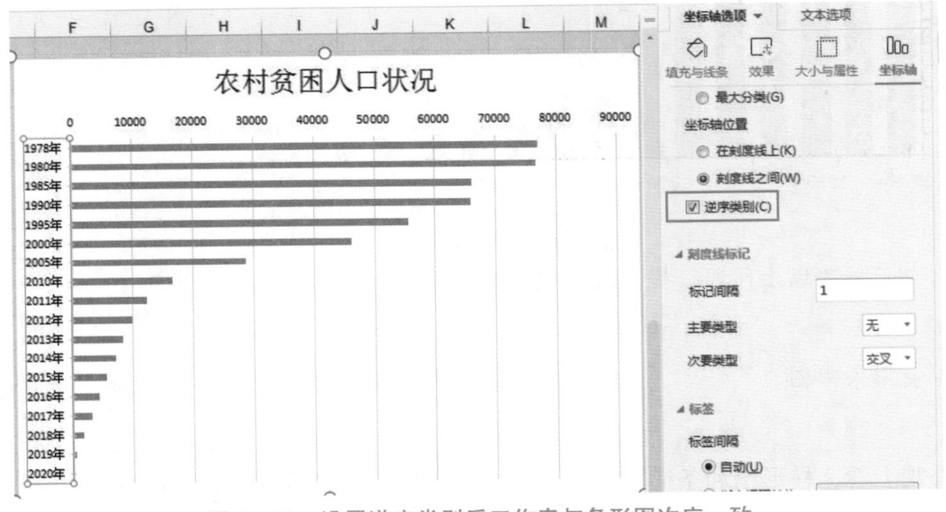

图 3－29　设置逆序类别后工作表与条形图次序一致

设置数据标签、系列、坐标轴、标题及网格线后的效果如图3-30所示。

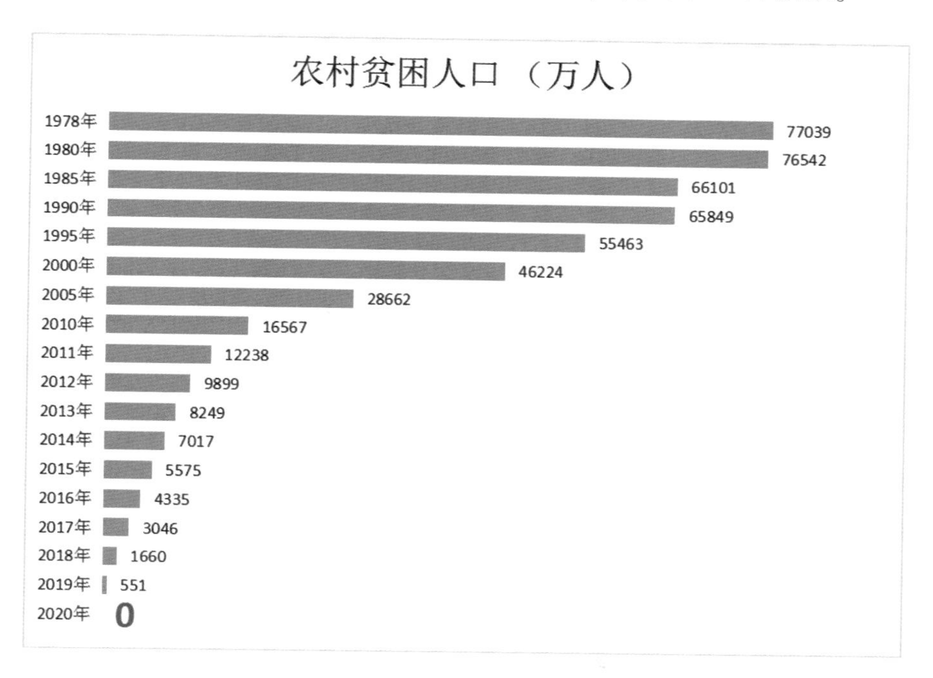

图3-30　设置后的条形图

子任务2　使用ECharts绘制条形图※

微课：使用ECharts绘制条形图

ECharts中条形图也是使用bar来表示，只需要交换柱形图配置参数中xAxis和yAxis中的内容，同时，对数字label中的position的值进行修改。配置参数代码如下：

```
option = {
        title: {
              text: '农村贫困人口(万人)',
              textStyle: {//设置标题文本样式
                 fontSize: 20
              },
              left: 'center',
       },
       tooltip: {
            trigger: 'axis',
             axisPointer: {
                 type: 'shadow'
              }
```

```
    },
    xAxis: {
        type: 'value',
        show:false
    },
    yAxis: {
        type: 'category',
        data: ['1978年','1980年','1985年','1990年','1995年','2000年',
'2005年','2010年','2011年','2012年','2013年','2014年','2015年','2016年','2017年',
'2018年','2019年','2020年'],
        axisLine:{
            show:false
        },
        axisTick: {//轴刻度
            show: false
        },
        inverse:true //反向坐标轴
    },
    toolbox:{//工具栏
        show:true,
        feature:{//各工具配置项
            mark:{show:true},
            dataView:{show:true,readOnly:false},
            magicType:{show:true,type:['line','bar']},
            restore:{show:true},
            saveAsImage:{show:true}
        }
    },
    series: [{
        name: '农村贫困人口',
        type: 'bar',//柱形图
        barWidth: '60%',//柱条的宽度
        color:'rgba(255, 85, 0, 1)',
        label: {//数据标签
            show: true,
            position: "right"//标签的位置
        },
        data: [77039, 76542, 66101, 65849, 55463, 46224, 28662, 16567,
12238,9899,8249,7017,5575,4335,3046,1660,551,{value:0, label:{fontSize:20,color:
'red'}}]
    }]
};
```

其他 html 代码请参考项目 1 任务 2 中内容。运行网页文件后，显示的条形图如图 3－31 所示。

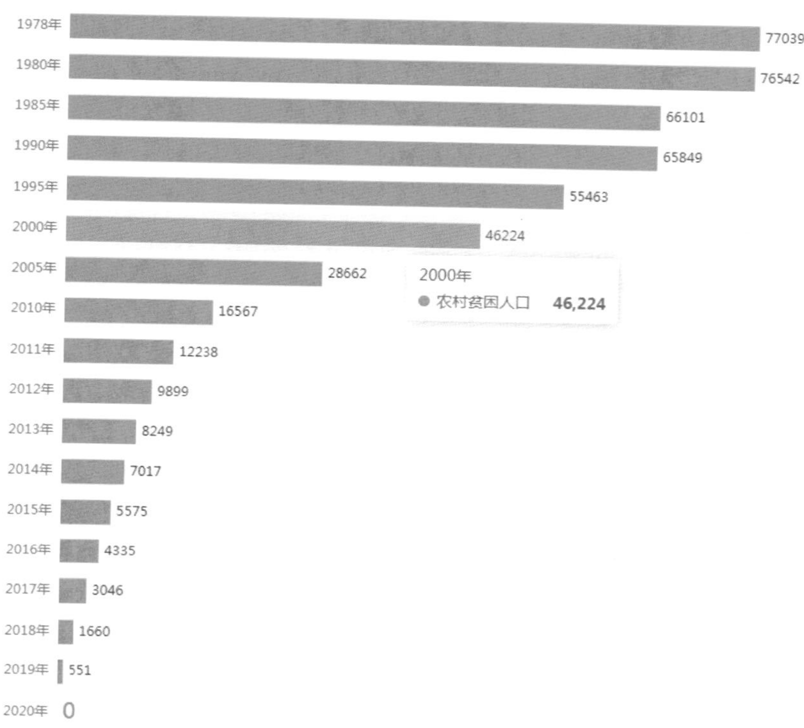

图 3－31　ECharts 条形图

子任务 3　使用 pyecharts 绘制条形图★

微课：使用 pyecharts 绘制条形图

在 pyecharts 中通过转置 x 轴和 y 轴来显示条形图。绘制农村贫困人口条形图的 Python 代码为：

```
    from pyecharts.charts import Bar
    from pyecharts import options as opt
    bar = (
         Bar()
         .add_xaxis(['1978 年','1980 年','1985 年','1990 年','1995 年','2000 年','2005 年',
'2010 年','2011 年','2012 年','2013 年','2014 年','2015 年','2016 年','2017 年','2018
年','2019 年','2020 年']) #添加 x 轴数据项
         .add_yaxis( '农村贫困人口',
  [77039,76542,66101,65849,55463,46224,28662,16567,12238,9899,8249,7017,5575,
4335,3046,1660,551,0],bar_width = '60%')
         .reversal_axis()#转置 x 轴和 y 轴
         #设置全局配置项(标题配置、图例配置、y 轴配置)
         .set_global_opts(title_opts = opt.TitleOpts(title = '农村贫困人口(万人)',pos_
left = 'center'),#标题名称,位置
```

```
                    legend_opts = opt.LegendOpts(is_show = False),#不显示图例
                    xaxis_opts = opt.AxisOpts(is_show = False),#不显示 x 轴
    yaxis_opts = opt.AxisOpts(axisline_opts = opt.AxisLineOpts(is_show = False),#不
显示轴线
    axistick_opts = opt.AxisTickOpts(is_show = False),#不显示轴刻度
    axislabel_opts = opt.LabelOpts(font_size =16),is_inverse = True)#轴标签大小
                    )
        #设置系列配置项(标签颜色及大小、柱形图颜色)
        .set_series_opts(label_opts = opt.LabelOpts(color = 'black',font_size =14,
position = 'right'),
                    itemstyle_opts = opt.ItemStyleOpts(color = 'rgba(255, 85, 0, 1)')))
    bar.render_notebook()# 将图形渲染到 notebook
```

绘制的图形如图 3 –32 所示。

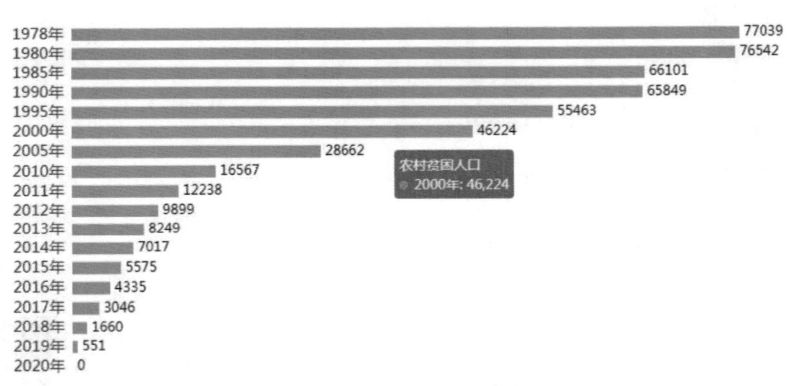

图 3 –32　pyecharts 条形图

同步实训

绘制堆叠条形图

1. 实训目的

掌握使用 WPS 表格、ECharts 绘制堆叠条形图。

2. 实训内容及步骤

①使用 WPS 表格将表 3 –6 绘制成堆叠条形图，其中地区作为图例。

②使用 ECharts 将表 3 –6 绘制成堆叠条形图，系列标签显示在内部，各产品作为图例。

任务小结

当维度分类较多，并且维度字段名称又较长时，不适合使用柱形图，应该使用条形图，从而有效提高数据对比的清晰度。相对于柱形图，条形图的优势是：能够横向布局，方便展

示较长的维度项名称。

ECharts 中条形图也是使用 bar 来表示，只需要交换条形图配置参数 xAxis 和 yAxis 中的内容。

在 pyecharts 中通过转置 x 轴和 y 轴来显示条形图，链式调用 . reversal_axis( ) 方法。

任务3　绘制漏斗图

问题引入

表 3 –7 为某公司一次招聘各环节的统计数据，那么如何绘制反映该数据表特点的可视化图呢？

表 3 –7　招聘各环节数据

招聘流程	人数
简历数量	835
简历筛选	450
初试人数	432
复试人数	208
录用人数	125
入职人数	118

解决方法

可以使用漏斗图。漏斗图又称为倒三角图，是一种形象反映数据逐步缩窄的图表。漏斗图主要针对业务各个流程的数据进行对比，它一般用于业务流程比较规范、周期长、环节多，且流程数据有明显变化又有对比分析意义的场景。常见的有销售分析、HR 人力分析、互联网运营流量转化跟踪等。

任务实施

在漏斗图中，通过对各环节业务数据的比较，能够直观地发现和说明问题所在。在业务分析中，通常用于转化率比较，它不仅能展示从最初流程到最终流程的成功转化率，还能展示名级流程之间的转化率。

子任务 1　使用 WPS 表格绘制漏斗图

在 WPS 表格中，选中数据，单击“插入”→“全部图表”→“其他图表”，选择漏斗图。图 3 – 33 所示为插入漏斗图的操作过程。

显示漏斗图后，打开右侧“图表处理”选项卡，可以对默认的漏斗图进行标题、系列、标签和图例等的设置，如图 3 – 34 所示。

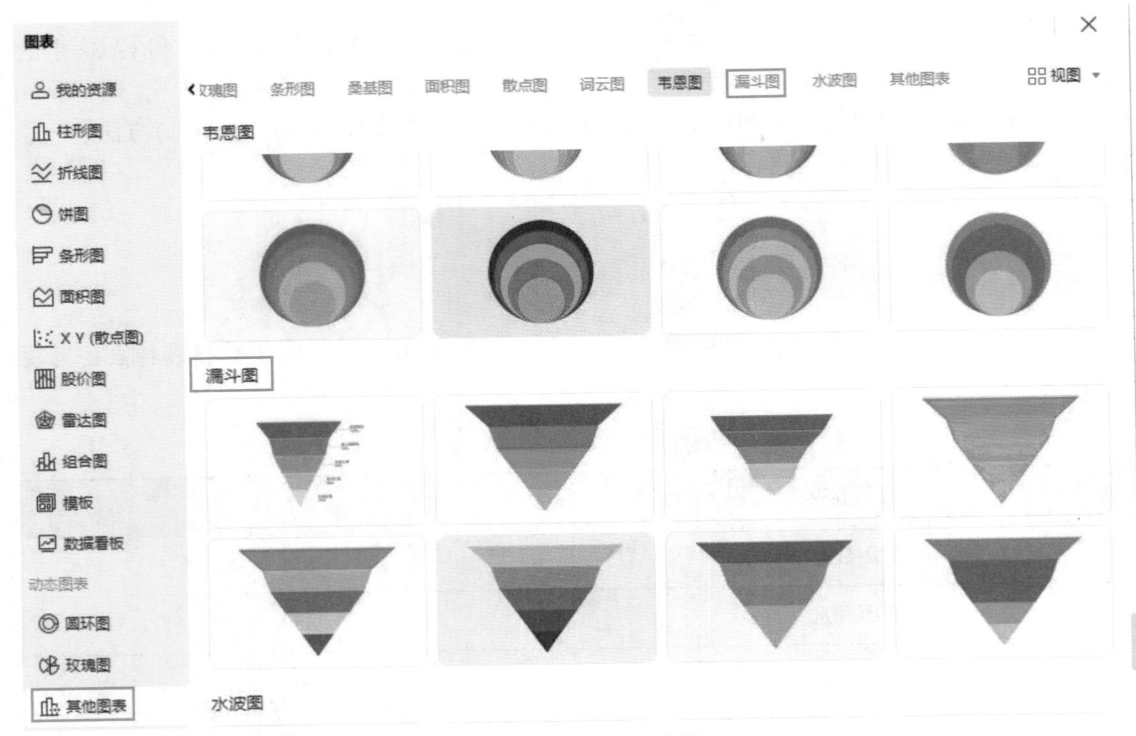

图 3-33　插入漏斗图

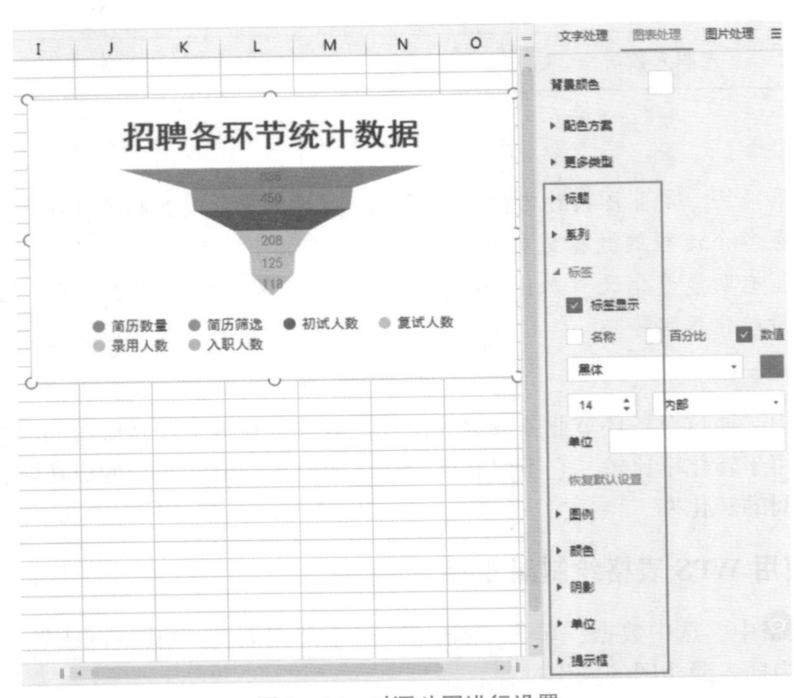

图 3-34　对漏斗图进行设置

图 3-34 所示的漏斗图直观地显示了招聘环节的转化率。

子任务2　使用 ECharts 绘制漏斗图

微课：使用 ECharts 绘制漏斗图

在 ECharts 中，绘制漏斗图时，需要先将 series 中的 type 参数值设置为 funnel。漏斗图的配置代码如下：

```
option = {
        title: {
                text: '招聘各环节数据漏斗图',
                left:'center'
        },
        tooltip: {
                trigger: 'item',
                formatter: "{a} <br/>{b} : {c}"
        },
        toolbox: {
                feature: {
                        dataView: { readOnly: false },
                        restore: {},
                        saveAsImage: {}
                }
        },
        legend: {
                data: ['简历数量', '简历筛选', '初试人数', '复试人数', '录用人数',
'入职人数'],
                top:'bottom'
        },
        series: [
            {
                name: '招聘各环节数据',
                type: 'funnel',
                left: '10%',//漏斗左边到图片左部百分比
                top: 60,//漏斗顶部与图片顶部距离
                bottom: 60,//漏斗底部与图片底部距离
                width:'80%',//系列宽度
                sort: 'descending',//漏斗数据降序排列,可选 ascending
                gap: 2,//漏斗每部分之间间距
                label: {
                    show: true,//显示数据标签
                    formatter: "{c}",//显示标签格式
                    position: 'inside'//每部分名称显示在图形内部
                },
                itemStyle: {
                    borderColor: '#fff',//漏斗背景色
                    borderWidth: 10 //漏斗边界宽度
                },
                emphasis: {
                    label: {
                        fontSize: 25 //当鼠标悬停在漏斗某部分上,重点突出文字大小
```

```
                }
            },
            data: [
                { value: 835, name: '简历数量' },
                { value: 450, name: '简历筛选' },
                { value: 432, name: '初试人数' },
                { value: 208, name: '复试人数' },
                { value: 125, name: '录用人数' },
                { value: 118, name: '入职人数' }
            ]
        }
    ]
};
```

以上配置生成的漏斗如图 3 – 35 所示。

小提示

tooltip 组件中 formatter 参数是提示框浮层内容格式器，一般使用字符串模板，模板变量有{a}、{b}、{c}、{d}、{e}，分别表示系列名、数据名、数据值等。在 trigger 为 axis 的时候，会有多个系列的数据，此时可以通过{a0}、{a1}、{a2}这种后面加索引的方式表示系列的索引。不同图表类型下的{a}、{b}、{c}、{d}含义不一样。其中，变量{a}、{b}、{c}、{d}在不同图表类型下代表的数据含义为：

折线（区域）图、柱状（条形）图、K 线图：{a}（系列名称）、{b}（类目值）、{c}（数值）、{d}（无）。

散点图（气泡）图：{a}（系列名称）、{b}（数据名称）、{c}（数值数组）、{d}（无）。

地图：{a}（系列名称）、{b}（区域名称）、{c}（合并数值）、{d}（无）。

饼图、仪表盘、漏斗图：{a}（系列名称）、{b}（数据项名称）、{c}（数值）、{d}（百分比）。

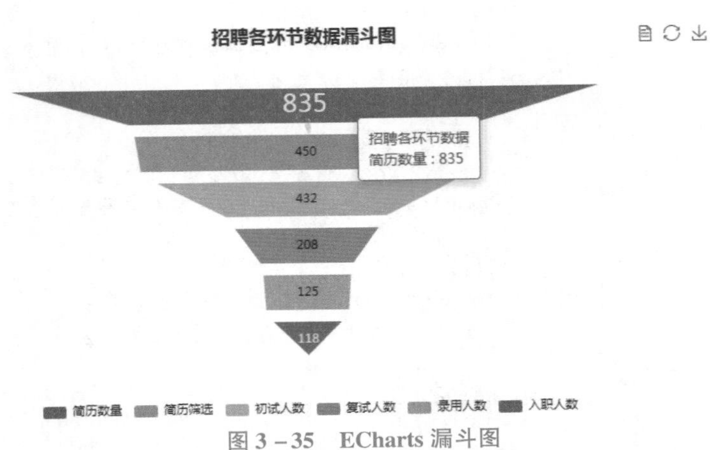

图 3 – 35　ECharts 漏斗图

子任务3 使用 pyecharts 绘制漏斗图

微课：使用 pyecharts 绘制漏斗图

在 pyecharts 库中，可使用 Funnel 类绘制漏斗图。

1. Funnel 类

Funnel 类的基本使用格式如下：

```
class Funnel(init_opts = opts.InitOpts())
.add(series_name,data_pair,is_selected = True,color = None,sort_ = 'descending',
gap = 0, label_opts = opts.LabelOpts(), tooltip_opts = None, itemstyle_opts = None)
.set_series_opts()
.set_global_opts()
```

Funnel 类的常用参数及其说明见表 3-8。

表 3-8 Funnel 类的常用参数及其说明

参数名称	说明
init_opts = opts. InitOpts()	表示设置初始配置项
add()	表示添加数据
series_name	接收 str，表示系列名称，用于 tooltip 的显示、legend 的图例筛选。无默认值
data_pair	接收 Sequence，表示数据项，格式为[(key1, value1), (key2, value2)]。无默认值
is_selected	接收 bool，表示是否选中图例。默认为 True
color	接收 str，表示系列 label 颜色。默认为 None
sort_	接收 str，表示数据排序，可以取 ascending、descending、None（按 data 顺序）。默认为 descending
gap	接收 numeric，表示数据图形间距。默认为 0
set_series_opts()	表示设置系列配置项
set_global_opts()	表示设置全局配置项

2. 绘制漏斗图

pyecharts 绘制漏斗图的代码为：

```
from pyecharts.charts import Funnel
from pyecharts import options as opt
```

```
x_data =['简历数量','简历筛选','初试人数','复试人数','录用人数','入职人数']
y_data = [835,450,432,208,125,118]
data = [[x_data[i], y_data[i]] for i in range(len(x_data))]
funnel = (Funnel()
      .add('', data_pair = data,label_opts = opt.LabelOpts(
            position = 'inside', formatter = "{c}"), gap = 2,
            tooltip_opts = opt.TooltipOpts(trigger = 'item'),
            itemstyle_opts = opt.ItemStyleOpts(border_color = '#fff', border_width = 1))
      .set_global_opts(title_opts = opt.TitleOpts(title = '招聘各环节数据漏斗图',pos_
left = 'center'),legend_opts = opt.LegendOpts(pos_top = 'bottom')))
 funnel.render_notebook()
```

绘制的图形如图 3－36 所示。

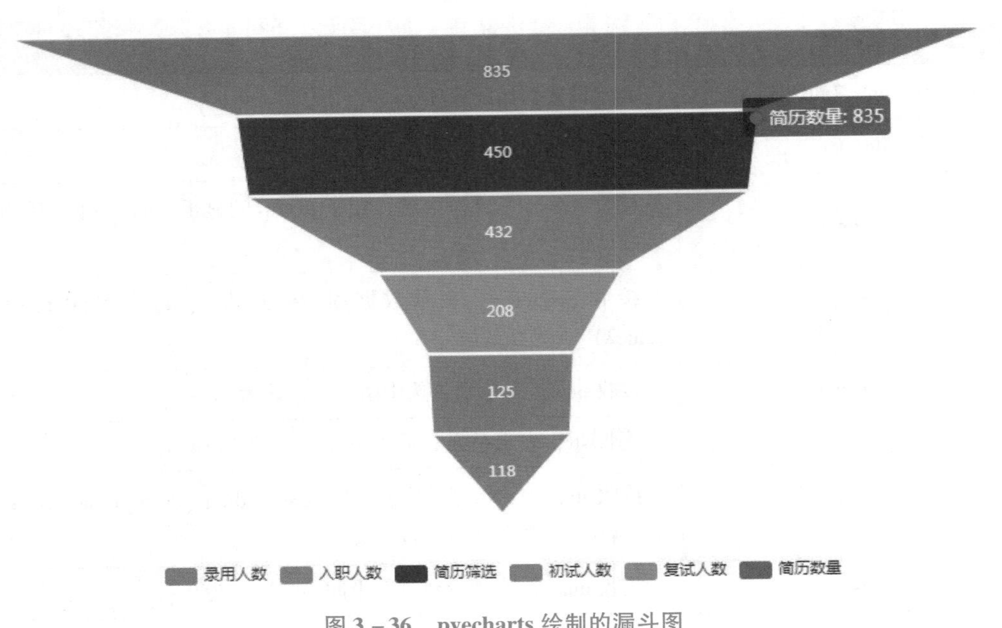

图 3－36　pyecharts 绘制的漏斗图

同步实训

绘制淘宝店铺订单转化漏斗图

1. 实训目的

掌握使用 ECharts、pyecharts 绘制漏斗图。

2. 实训内容及步骤

①将表 3－9 中的数据使用 ECharts 绘制漏斗图。

②将表 3－9 中的数据使用 pyecharts 绘制漏斗图。

表3-9　某淘宝店铺的订单转化率统计数据

网购环节	人数
浏览商品	3 000
加入购物车	1 200
生成订单	600
支付订单	520
完成交易	500

任务小结

漏斗图又称为倒三角图，是一种形象反映数据逐步缩窄的图表。漏斗图主要针对业务各个流程的数据进行对比，它一般用于业务流程比较规范、周期长、环节多，并且流程数据有明显变化又有对比分析意义的场景。

在 ECharts 中绘制漏斗图时，需要将 series 中的 type 参数值设置为 funnel。在 pyecharts 库中，可使用 Funnel 类绘制漏斗图。

习　题

一、选择题

1. WPS 表格中可以绘制（　　）种柱形图。

A. 1　　B. 2　　C. 3　　D. 4

2. 柱形图中，分类间距设置为（　　）是比较合适的。

A. 60%~90%　　B. 40%~80%　　C. 70%~100%　　D. 90%~200%

3. 堆叠柱形图属于（　　）。

A. 项目对比可视化图　　B. 时间趋势可视化图

C. 数据关系可视化图　　D. 成分比例可视化图

4. ECharts 中，是（　　）组件。

A. legend　　B. dataZoom　　C. toolbox　　D. tooltip

5. ECharts 中，是（　　）组件。

A. visualMap　　B. timeline　　C. series　　D. dataZoom

6. 在 ECharts 中，同个类目轴上系列配置相同的（　　）值可以堆叠放置。

A. value　　B. stack　　C. key　　D. name

7. 下列选项中，可以在 pyecharts 中创建漏斗图的是（　　）。

A. Scatter　　B. Map　　C. Funnel　　D. Sankey

8. 下列方法中，可以将图表渲染到 HTML 文件的是（　　）。

A. render( )　　　　B. render_notebook( )

C. render_embed( )　　　　D. load_javascript( )

二、操作题

根据图中的数据，使用 Excel 绘制图 3 – 37 所示簇状柱形图，使用 ECharts 绘制如图 3 – 38 所示柱形图。

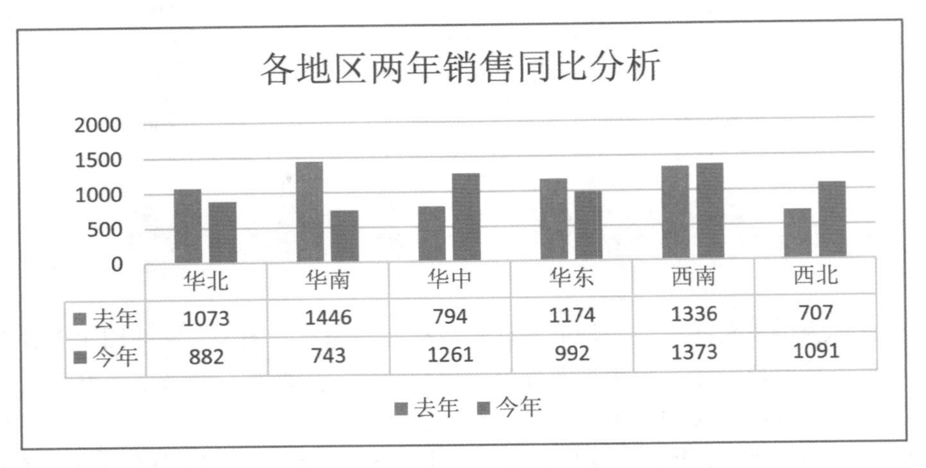

图 3 – 37　各地区两年销售同比分析

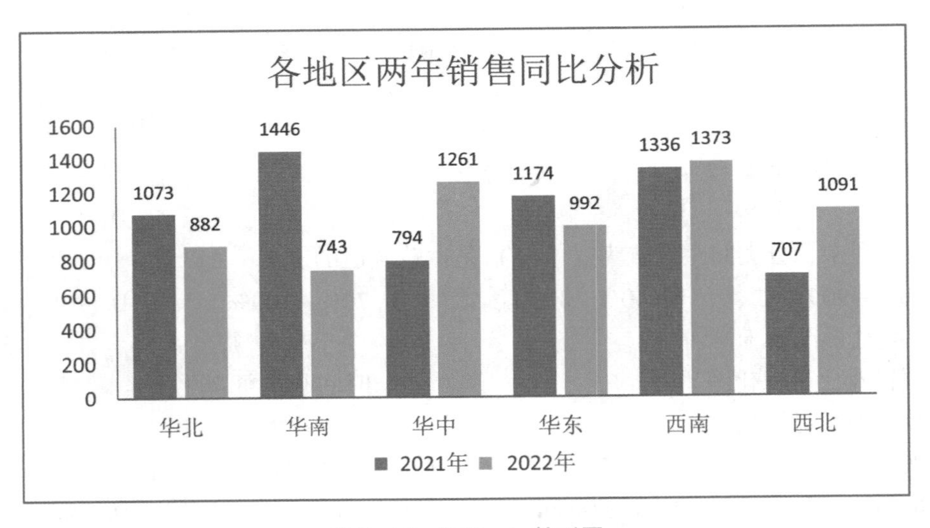

图 3 – 38　ECharts 柱形图

项目 3 习题及答案

项目 4

时间趋势可视化图的制作

项目概述

当数据表中有时间序列时，就需要对数据进行趋势分析。趋势分析也是日常数据分析中比较常用的一种方法，它可以帮助企业发现自身的经营变化情况，为预测未来的发展方向提供帮助。在趋势分析中，最常见的图表是折线图，K 线图常用于金融领域。本项目将介绍典型的时间趋势可视化图（折线图、K 线图）的制作。

学习目标

知识目标	了解常用的时间趋势可视化图，掌握使用 WPS 表格、ECharts、pyecharts 绘制折线图和 K 线图
能力目标	会制作折线图、K 线图
素养目标	深刻理解全面小康的含义

工作任务

任务 1 绘制折线图※★

任务 2 绘制 K 线图

※全国职业院校技能大赛（大数据技术与应用）竞赛内容

★1 + X 职业技能标准——大数据应用开发（Python）职业技能中级

任务1 绘制折线图

问题引入

2012—2021年，人民生活水平显著提高，居民收入持续增加，城乡居民生活质量不断提升，消费支出持续增长，消费结构从生存型逐渐向发展型、享受型过渡，2021年我国全面建成了小康社会。2012—2021年我国居民人均可支配收入及支出情况见表4-1。

表4-1 居民人均收入及支出

指标	2012年	2013年	2014年	2015年	2016年	2017年	2018年	2019年	2020年	2021年
收入/元	16 510	18 311	20 167	21 966	23 821	25 974	28 228	30 733	32 189	35 128
消费支出/元	12 054	13 220	14 491	15 712	17 111	18 322	19 853	21 559	21 210	24 100

以上数据来自国家统计局，那么如何绘制展现以上数据的图形呢？

【素养小提示】

全面小康的“中国密码”

解决方法

折线图是通过线条的波动（上升或下降）来显示连续数据随时间或有序类别变化的图表。它不仅可以表示数量的多少，而且可以反映数据的增减波动状态。可以使用WPS表格、ECharts、pyecharts绘制折线图。

任务实施

折线图可以显示随时间（根据常用比例设置）而变化的连续数据，因此非常适合显示相等时间间隔的数据趋势。在折线图中，类别数据沿水平轴均匀分布，值数据沿垂直轴均匀分布。

子任务1 使用WPS表格绘制折线图

折线图是趋势分析中最常见的图表，绘制也很简单，单击“插入”→“全部图表”→“折线图”，如图4-1所示。

折线图的折线，需要合理设置其线条颜色和线条粗细，同时，还要注意是否显示数据标记，以及数据标记的颜色和大小，这些都是在选中折线，打开“系列选项”窗格里进行的，如图4-2和图4-3所示。还可以通过设置“平滑线”来设置折线，使折线的线条转折圆滑些，如图4-4所示。

添加垂直网格线和水平网格线，并合理设置网格线主要刻度，以及设置网格线的线条样式和颜色，可以使折线图看起来更加美观，在线条上显示数据标签，这样可以更加直观地查看数据的大小，如图4-5所示。商务折线图中的线条粗细设置要合理，通常情况下，根据图表大小，将线条粗细设置为2~4磅。

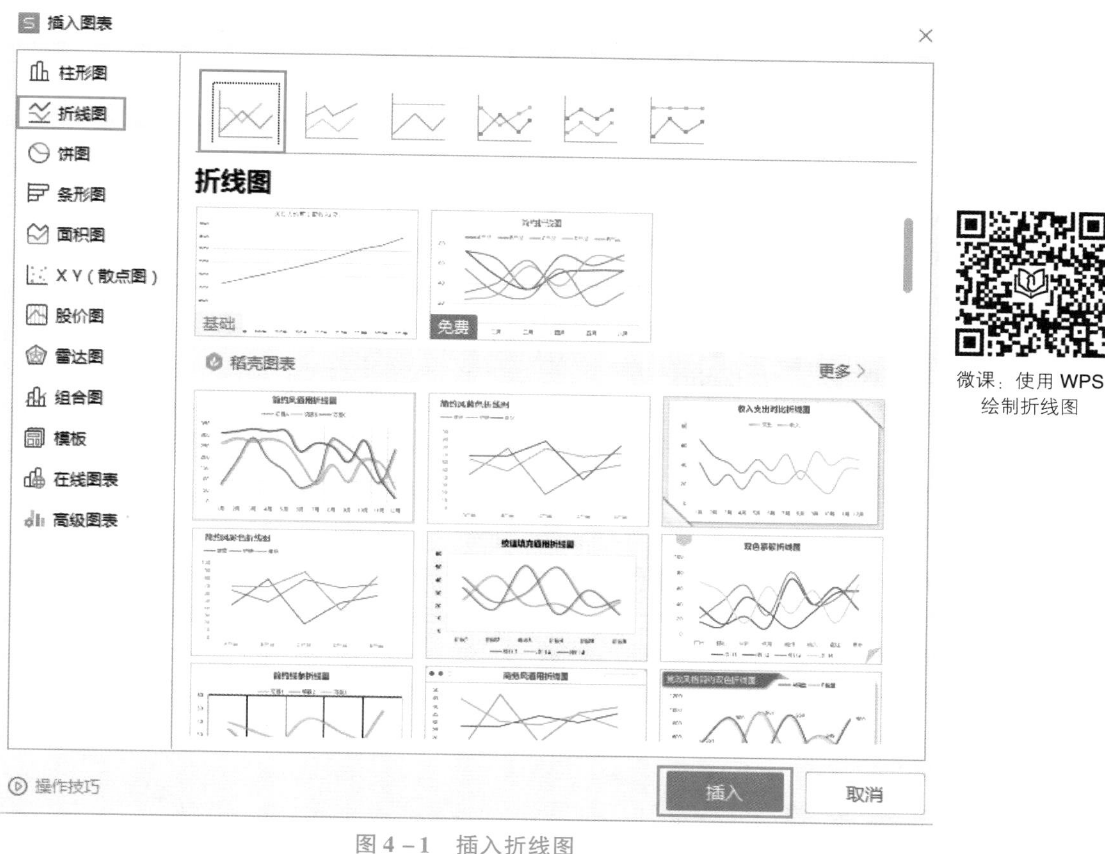

图 4－1　插入折线图

微课：使用 WPS
绘制折线图

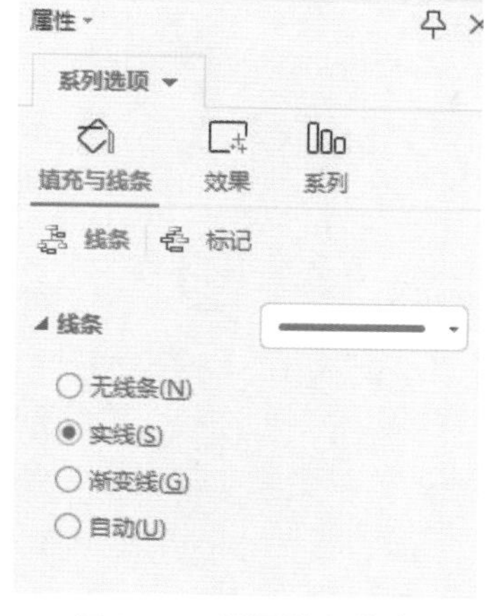

图 4－2　设置线条格式

图 4－3　设置标记格式

图 4－4　将折线的线条设置为平滑线

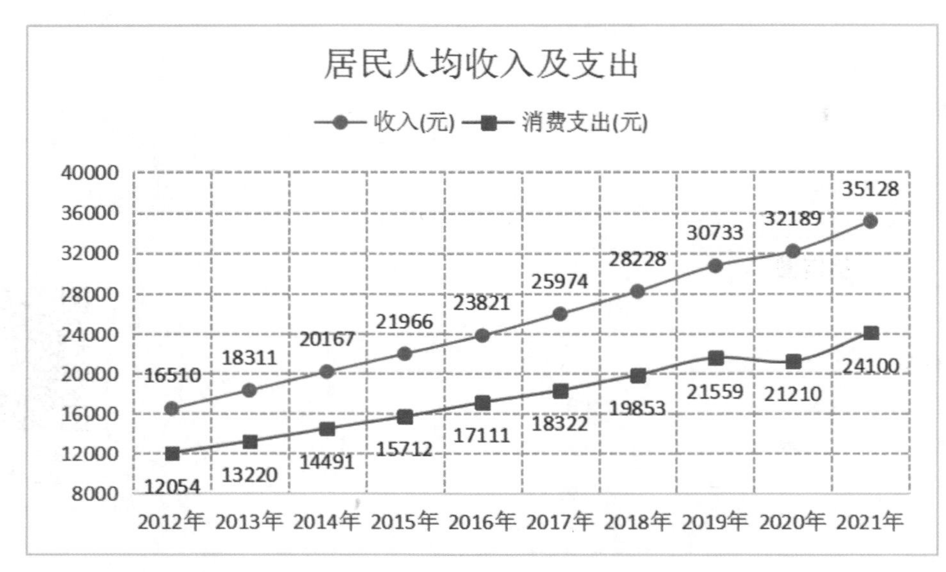

图 4-5　使用网格线

子任务 2　使用 ECharts 绘制折线图※

微课：使用 ECharts 绘制折线图

1. 绘制折线图

在 ECharts 中，绘制折线图需要将 series 中的 type 设置为 line，关键代码如下所示：

```
option = {
            title: {
                  text: '居民人均收入及支出',
                  textStyle: { //设置标题文本样式
                        fontSize: 20,
                  },
                  left: 'center',
            },
            legend: {
                  data: ['收入', '消费支出'],
                  left: 'center',
                  top: '30'
            },
            tooltip: {
                  trigger: 'axis',
            },
            xAxis: {
                  type:'category',
                  data:['2012 年','2013 年','2014 年','2015 年','2016 年','2017 年',
'2018 年','2019 年','2020 年','2021 年'],
                  splitLine: { //坐标轴在 grid 区域中的分隔线。
```

```
            show:true,
            lineStyle:{
                color:"rgba(174,172,172,1)",
                type:"dotted",
                width:2
            }
        }
    },
    yAxis: {
        type:'value',
        name:'金额(元)',
        nameRotate:-90,//旋转。从 -90 度到 90 度。正值是逆时针
        nameLocation:'middle',
        nameGap:60,//坐标轴名称与轴线之间的距离。
        nameTextStyle:{
           fontSize:14
        },
        min:8000,//坐标轴刻度最小值。
        max:40000,
        interval:4000 ,//坐标轴分隔间隔
        axisLine:{ //轴线
           show: true
        },
        splitLine:{ //坐标轴在 grid 区域中的分隔线。
           lineStyle:{
               color:"rgba(174,172,172,1)",
               type:"dotted",
               width: 2
           }
        }
    },
    toolbox:{ //工具栏
        show:true,
        feature:{ //各工具配置项
            mark:{show:true },
            dataView:{show:true,readOnly:false },
            magicType:{show:true,type:['line','bar']},
            restore:{ show: true },
            saveAsImage: { show: true }
        }
    },
    series: [{
        name: '收入',
        type: 'line',//折线图
```

```
                symbol:'diamond',//标记的图形,
                  //有'circle', 'rect', 'roundRect', 'triangle', 'diamond', 'pin',
'arrow', 'none'
                symbolSize:10,
                itemStyle:{ //折线拐点标志的样式
                    color: 'red'
                },
                lineStyle: {
                      color: "red",
                      width: 2
                },
                label: { //数据标签
                      show: true,
                      position: "top" //标签的位置,
                },
                data: [16510,18311,20167,21966,23821,25974,28228,30733,32189, 35128],
                smooth:true //平滑曲线
            },
            {
                name: '消费支出',
                type: 'line',//折线图
                label: { //数据标签
                      show: true,
                      position: "bottom" //标签的位置
                },
                data: [12054,13220,14491,15712,17111,18322,19853,21559,21210,24100],
                smooth: true
            }]
        };
```

以上配置生成的折线图如4－6所示。

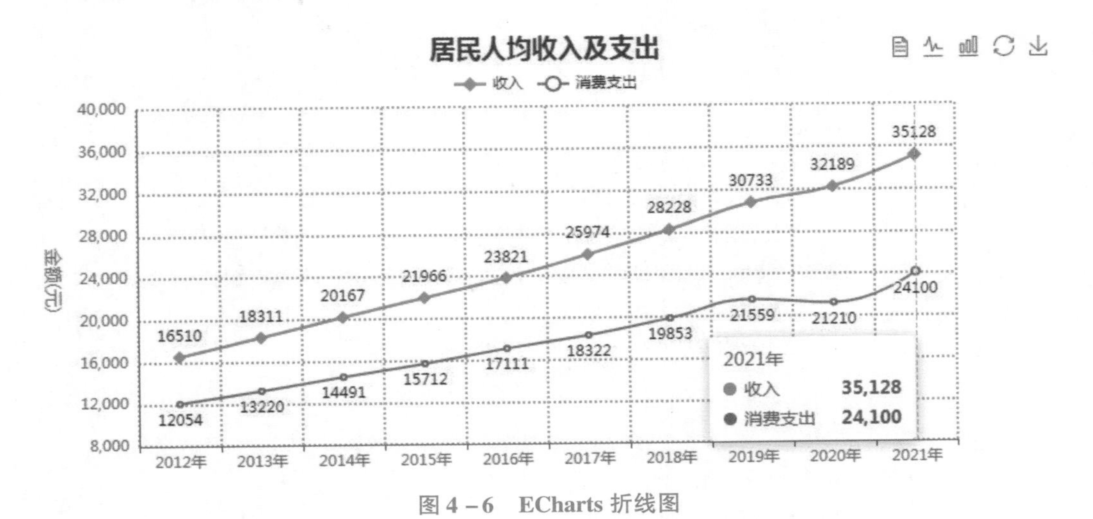

图4－6　ECharts 折线图

折线图中常用的配置项见表4－2。

表4－2　折线图相关配置项

配置项	说明
yAxis. interval	强制设置坐标轴分割间隔
series－line. symbol	系列标记的图形
series－line. symbolSize	图形大小
series－line. itemStyle	折线拐点标志的样式
series－line. smooth	是否平滑曲线显示
series－line. areaStyle	区域填充样式。设置后显示成区域面积图
dataZoom	dataZoom 组件用于区域缩放

2. 拓展：绘制区域面积图

区域面积图是在折线图的基础上形成的，它将折线图中折线与自变量坐标轴之间的区域使用颜色填充，颜色填充可以更好地突出趋势信息。在折线图系列配置项中设置区域填充样式后，显示为区域面积图，效果如图4－7所示。关键代码为：

```
series:[{
        name:'收入',
        type: 'line',//折线图
        symbol:'diamond',
        symbolSize:10,
        itemStyle:{ //折线拐点标志的样式
            color:'red'
        },
        lineStyle:{
            color:"red",
            width:2
        },
        label:{ //数据标签
            show:true,
            position:"top" //标签的位置,
        },
        data:[16510,18311,20167,21966,23821,25974,28228,30733,32189,35128],
        smooth:true,//平滑曲线
        areaStyle:{
        }
    },
]
```

微课：绘制区域面积图

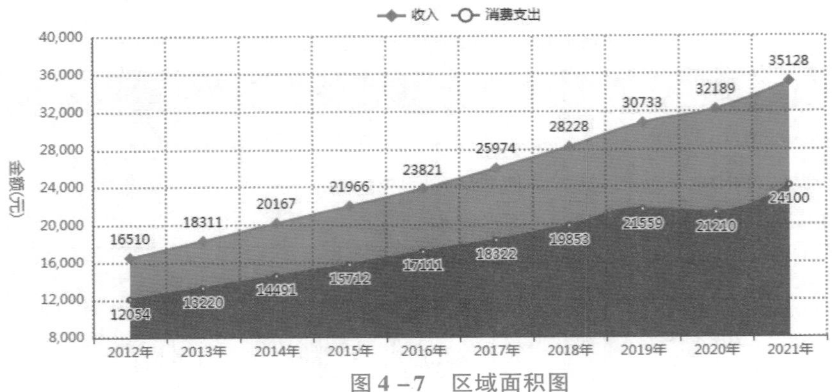

图 4－7　区域面积图

子任务 3　使用 pyecharts 绘制折线图★

微课：使用 pyecharts 绘制折线图

在 pyecharts 库中，可使用 Line 类绘制折线图。

1. Line 类

Line 类的基本使用格式如下：

```
class Line(init_opts = opts.InitOpts())
.add_xaxis(xaxis_data)
.add_yaxis(series_name,y_axis,is_selected = True,is_connect_nones = False, xaxis_index = None, yaxis_index = None,color = None,is_symbol_show = True,symbol = None,symbol_size = 4,stack = None, is_smooth = False, is_clip = True, is_step = False,is_hover_animation = True,z_level = 0,z = 0,markpoint_opts = None,markline_opts = None,tooltip_opts = None,label_opts = opts.LabelOpts(), linestyle_opts = opts.LineStyleOpts(),areastyle_opts = opts.AreaStyleOpts(),itemstyle_opts = None)
.set_series_opts()
.set_global_opts()
```

Line 类的常用参数及其说明见表 4－3。

表 4－3　Line 类的常用参数及其说明

参数名称	说明
init_opts = opts. InitOpts( )	表示设置初始配置项
add_xaxis( )	表示添加 x 轴数据项
xaxis_data	接收 Sequence，表示 x 轴数据项。无默认值
add_yaxis( )	表示添加 y 轴数据项
series_name	接收 str，表示系列名称，用于 tooltip 的显示、legend 的图例筛选。无默认值
y_axis	接收 types. Sequence 序列，表示系列数据。无默认值

续表

参数名称	说明
is_selected	接收 bool，表示是否选中图例。默认为 True
is_connect_nones	接收 bool，表示是否连接空数据。当含有空数据时，使用 None 填充。默认为 False
xaxis_index	接收 numeric，表示使用的是 x 轴的 index，在单个图表实例中存在多个 x 轴的时候有用。默认为 None
yaxis_index	接收 numeric，表示使用的是 y 轴的 index，在单个图表实例中存在多个 y 轴的时候有用。默认为 None
color	接收 str，表示系列 label 颜色。默认为 None
is_symbol_show	接收 bool，表示是否显示 symbol。如果为 false，那么只有在 tooltip hover 的时候显示。默认为 True
symbol	接收 str，表示标记的图形，可选标记类型包括 circle、rect、roundrect、triangle、diamond、pin、arrow、None。默认为 None
symbol_size	接收 numeric、Sequence，表示标记的大小，可以设置成单一的数字，如 10；也可以用数组分开表示宽和高，例如，[20,10]表示标记宽为 20，高为 10。默认为 4
stack	接收 str，表示数据堆叠，同一个类目轴上系列配置相同的 stack 值可以堆叠放置。默认为 None
is_smooth	接收 bool，表示是否平滑曲线。默认为 Flase
is_clip	接收 bool，表示是否裁剪超出坐标系部分的图形。默认为 True
is_step	接收 bool，表示是否显示成阶梯图。默认为 False
areastyle_opts	填充区域配置项，参考 series_options. AreaStyleOpts
set_series_opts( )	表示设置系列配置项
set_global_opts( )	表示设置全局配置项

2. 绘制折线图

pyecharts 绘制折线图的代码为：

```
    from pyecharts.charts import Line
    from pyecharts import options as opt
    line = (Line()
            .add_xaxis(['2012 年','2013 年','2014 年','2015 年','2016 年','2017 年',
'2018 年','2019 年','2020 年','2021 年'])
```

```
        .add_yaxis('收入',[16510,18311,20167,21966,23821,25974,28228,30733,
32189, 35128],
                   is_symbol_show = True,
                   symbol = 'diamond',#标记的图形
                   symbol_size = 10,
                  #数据标签配置
                   label_opts = opt.LabelOpts(is_show = True, position = 'top',
color = 'black'), is_smooth = True,#平滑线
                   linestyle_opts = opt.LineStyleOpts(width = 2,color = 'red'),#线
样式配置
                   itemstyle_opts = opt.ItemStyleOpts(color = 'Purple')) #图元样式配置
        .add_yaxis('消费支出',
   [12054,13220,14491,15712,17111,18322,19853,21559,21210,24100],
                   is_symbol_show = True,
                   symbol_size = 10,
                   label_opts = opt.LabelOpts(is_show = True, position = 'top',
color = 'black'),
                   is_smooth = True,
                   linestyle_opts = opt.LineStyleOpts(width = 2,color = 'blue'),
                   itemstyle_opts = opt.ItemStyleOpts(color = 'blue'))
        .set_global_opts(title_opts = opt.TitleOpts(
                       title = '居民人均收入及支出',pos_left = 'center',
                       title_textstyle_opts = (opt.TextStyleOpts(font_size = 30))),
                       legend_opts = opt.LegendOpts(is_show = True,pos_top = 40),
#显示图例
                         toolbox_opts = opt.ToolboxOpts( #工具箱配置
                              is_show = 'True',
                              feature = opt.ToolBoxFeatureOpts(
                                   brush = opt.ToolBoxFeatureBrushOpts(type_ =
'None'),
   data_zoom = opt.ToolBoxFeatureDataZoomOpts(is_show = False))),
                         yaxis_opts = opt.AxisOpts( #y 坐标轴配置
                              min_ = 8000,#刻度最小值
                              max_ = 40000,
                              name = '金额(元)',#轴标题名称
                              name_gap = 60,#轴标题与轴的距离
                              name_location = 'middle',#轴标题的位置
                              name_rotate = -90, #轴标题旋转度数
   splitline_opts = opt.SplitLineOpts(is_show = True, linestyle_opts =
opt.LineStyleOpts(type_ = 'dotted'))),#分割线配置
                         xaxis_opts = opt.AxisOpts( #x 坐标轴配置
   splitline_opts = opt.SplitLineOpts(is_show = True,linestyle_opts = opt.LineStyleOpts
(type_ = 'dotted'))))
        )
   line.render_notebook()#将图形渲染到 notebook
```

绘制的图形如图 4－8 所示。

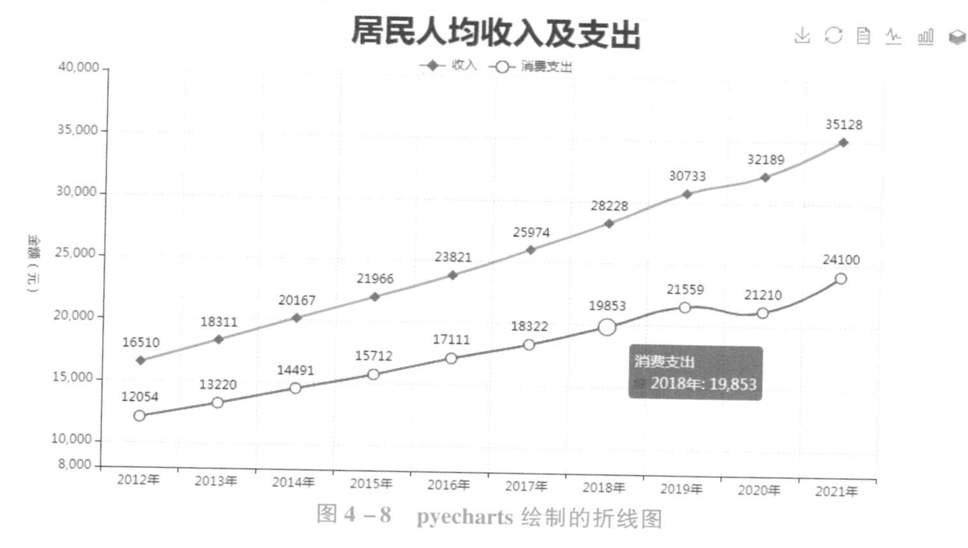

图 4－8　pyecharts 绘制的折线图

3. 拓展：读取数据库中数据绘制折线图

微课：读取 MySQL 数据库中数据绘制折线图

以读取 MySQL 数据库中的数据为例，绘制折线图。在 pyecharts 中连接 MySQL 数据需要使用 pymysql 模块。pymysql 是一个连接 MySQL 数据库的第三方模块，可作为连接 MySQL 数据库的客户端，对数据库进行增、删、改、查操作。

可以在 Anaconda Prompt 中使用 pip 命令安装 pymysql，如图 4－9 所示。

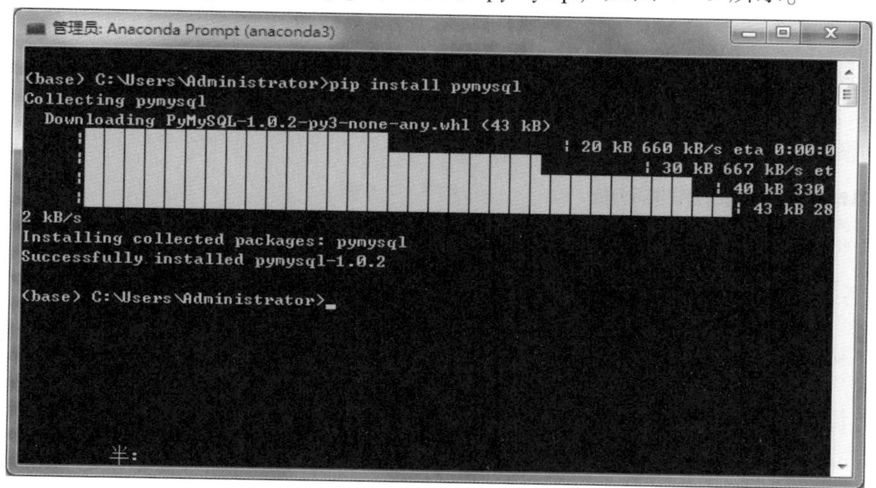

图 4－9　安装 pymysql

下列代码是读取 sales 数据库中 orders 表中的部分列数据来绘制折线图。

```
from pyecharts import options as opts
from pyecharts.charts import Line, Page
from pymysql import *
```

```
#连接 MySQL 数据库
v1 = []
v2 = []
v3 = []
#连接数据库
conn =connect(host ='127.0.0.1',port =3306,user ='root',password ='123456',db =
'sales',charset ='utf8')
cursor = conn.cursor()
#读取 MySQL 数据
sql_num = 'SELECT province,ROUND(SUM(sales),2),ROUND(SUM(profit),2) FROM
orders where dt =2019 GROUP BY province'
cursor.execute(sql_num) #执行 SQL 语句
sh = cursor.fetchall() #获取结果
for s in sh:              #处理结果
      v1.append(s[0])
      v2.append(s[1])
      v3.append(s[2])
#画图形
line =(
        Line()
        .add_xaxis(v1)
        .add_yaxis('销售额', v2)
        .add_yaxis('利润额', v3,label_opts =opts.LabelOpts(position ='bottom'))
        .set_global_opts(
            title_opts =opts.TitleOpts(title ='2019 年不同地区商品销售情况分析'),
            yaxis_opts =opts.AxisOpts(name ='销售额与利润额(元)'),
            xaxis_opts =opts.AxisOpts(name ='地区'),
            legend_opts =opts.LegendOpts(is_show =True),
        )
)
#展示数据可视化图表
line.render_notebook()
```

绘制的图形如图 4－10 所示。

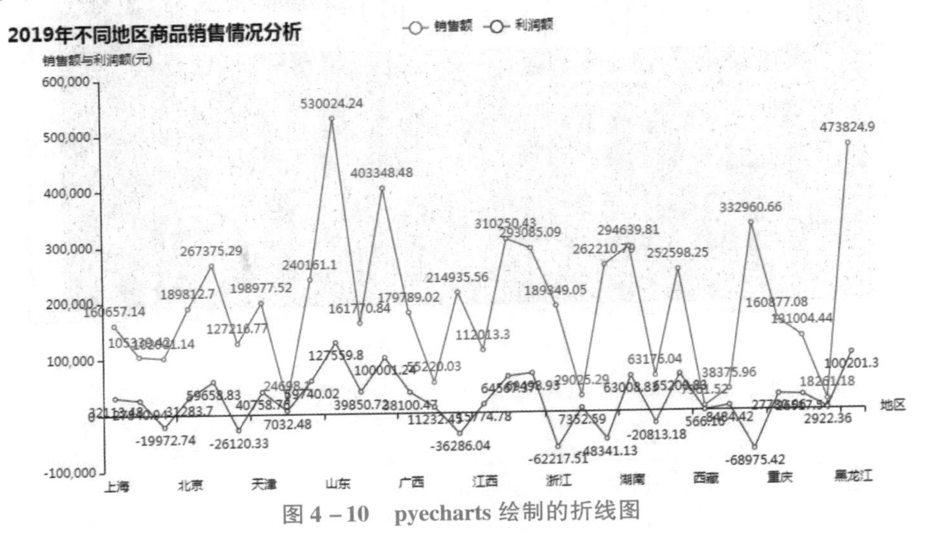

图 4－10　pyecharts 绘制的折线图

当数据量比较多时，pyecharts 绘制的图形看上去不清晰，影响了可视化效果。可以借助数据区域缩放组件，对图形进行缩放，从而既可以概览数据的整体情况，也能关注数据的细节。

只需要在全局配置项中增加区域缩放组件，粗体代码为增加的配置项。组件类型可以选 inside 或 slider。inside 为内置型数据区域缩放组件，slider 为滑动条型数据区域缩放组件。绘制的图形如图 4－11 所示。

```
line=(
          Line()
          .add_xaxis(v1)
          .add_yaxis('销售额', v2)
          .add_yaxis('利润额', v3,label_opts=opts.LabelOpts(position='bottom'))
          .set_global_opts(
               title_opts=opts.TitleOpts(title='2019年不同地区商品销售情况分析'),
               yaxis_opts=opts.AxisOpts(name='销售额与利润额(元)'),
               xaxis_opts=opts.AxisOpts(name='地区'),
               legend_opts=opts.LegendOpts(is_show=True),
               datazoom_opts=opts.DataZoomOpts(type_='slider')#区域缩放配置项
          )
   )
```

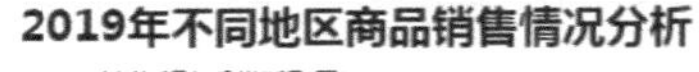

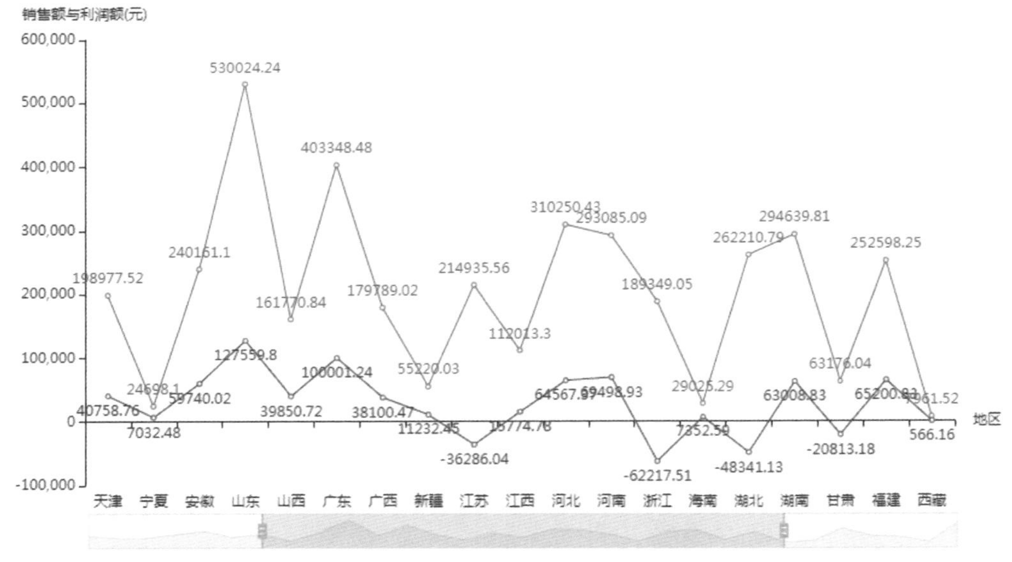

图 4－11　带滑动条型数据区域缩放组件的折线图

同步实训

绘制疫情数据折线图

1. 实训目的

掌握使用 ECharts、pyecharts 绘制折线图的方法。

2. 实训内容及步骤

①将表 4-4 的数据使用 ECharts 绘制折线图，请使用区域缩放组件。

②将表 4-4 的数据使用 pyecharts 绘制折线图，请使用区域缩放组件。

表 4-4 2022 年 5 月 1 日上海疫情数据

地区	新增确诊	治愈	累计确诊
浦东	37	12 331	16 523
黄浦	110	2 574	5 994
徐汇	136	1 388	4 358
闵行	53	2 828	5 153
虹口	47	1 227	3 251
静安	110	934	2 750
宝山	112	1 042	2 633
长宁	40	1 066	2 328
杨浦	22	585	1 713
普陀	27	794	1 712
青浦	21	452	1 247
嘉定	41	1 813	2 326
松江	29	2 333	2 719
崇明	1	59	378
奉贤	2	130	229
金山	0	318	328
注：数据来自腾讯网。			

任务小结

折线图可以显示随时间（根据常用比例设置）而变化的连续数据，因此非常适合显示相等时间间隔的数据趋势。在折线图中，类别数据沿水平轴均匀分布，值数据沿垂直轴均匀分布。

在 ECharts 中绘制折线图时，需要将 series 中的 type 参数值设置为 line。在 pyecharts 库中，可使用 Line 类绘制折线图。

任务 2　绘制 K 线图

问题引入 ▶

K 线图又称蜡烛图，常用于展示股票交易数据。K 线图展现股票的开盘价、最高价、最低价、收盘价，反映股票的涨跌变化状况。它也是一种时间趋势可视化图，反映股票交易数据随时间变化的情况。

那么如何获取股票交易数据并绘制 K 线图呢？

解决方法 ▶

Tushare 是国内免费库中最好的财经数据获取接口。数据包含股票、基金、期货、债券、外汇、行业大数据，同时包括了数字货币行情等区块链数据的全数据品类的金融大数据。因此，可以从 Tushare 中获取某股票交易数据，可以使用 WPS 表格、ECharts、pyecharts 绘制 K 线图。

任务实施 ▶

子任务 1　获取股票交易数据

访问 Tushare 大数据开放社区（https://tushare.pro），注册 Tushare 社区用户，登录后获取 token。使用 pip install tushare 安装 tushare，如图 4－12 所示。

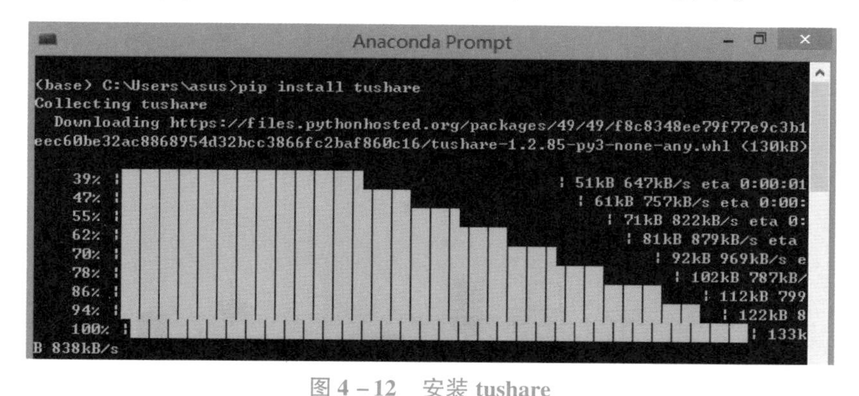

图 4－12　安装 tushare

获取 token 的方法

获取 A 股日线行情可以使用 daily 接口，代码如下：

```
import tushare as ts
import pandas
pro = ts.pro_api('c1***4c') #初始化 pro 接口,参数为注册用户的 token
#获取时间段内股票代码为 000010 的股票日线行情
df = pro.daily(ts_code='000010.SZ', start_date='20220701',end_date='20220718')
df.sort_values('trade_date',inplace=True) #按 trade_date 升序排列数据
df.to_excel('data/000010.xlsx') #存入 excel 文件中
```

有关 daily 接口的详细信息，请查阅 https://tushare.pro/document/2?doc_id=27。

子任务 2　使用 WPS 表格绘制 K 线图

K 线图在 WPS 表格中称为股价图，选择好数据（时间、开盘价、最高价、最低价、收盘价），单击“插入”→“全部图表”→“股价图”，如图 4－13 所示。

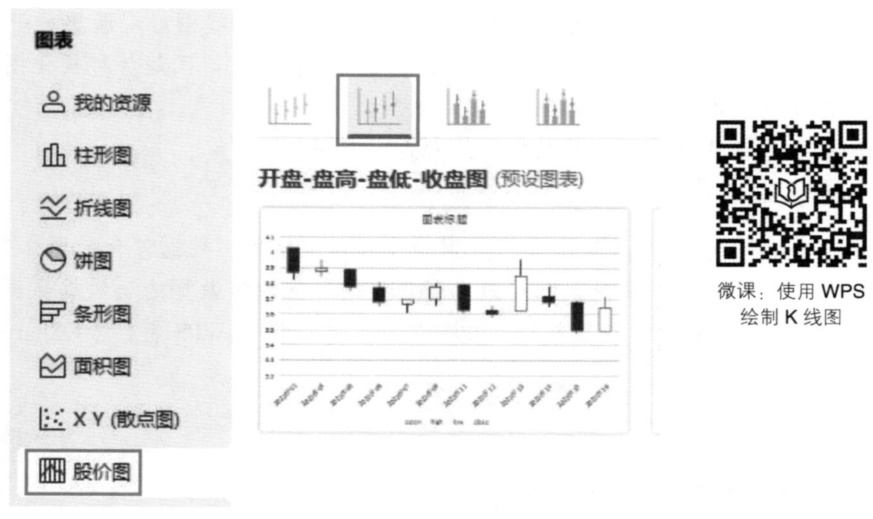

图 4－13　插入股价图

插入的股价图如图 4－14 所示，其中数据系列中，黑色的是跌柱，表示收盘价低于开盘价；另外的就是涨柱，表示收盘价高于开盘价。

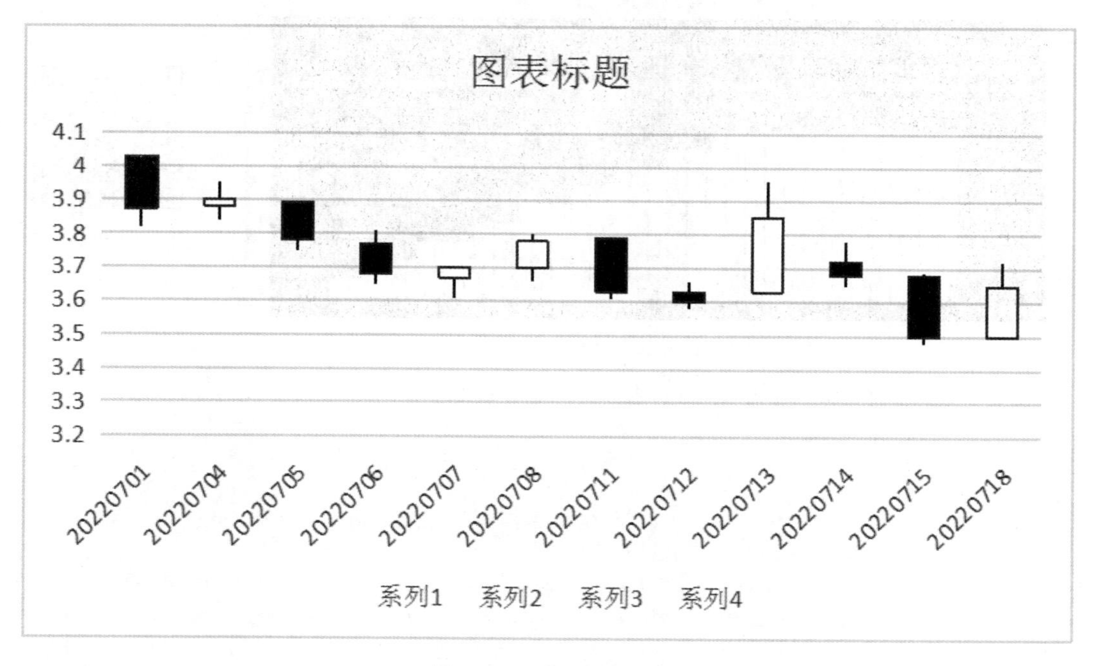

图 4－14　初始股价图

通过合理设置股价图标题、数据系列及网格线，最终的股价图如图 4－15 所示。

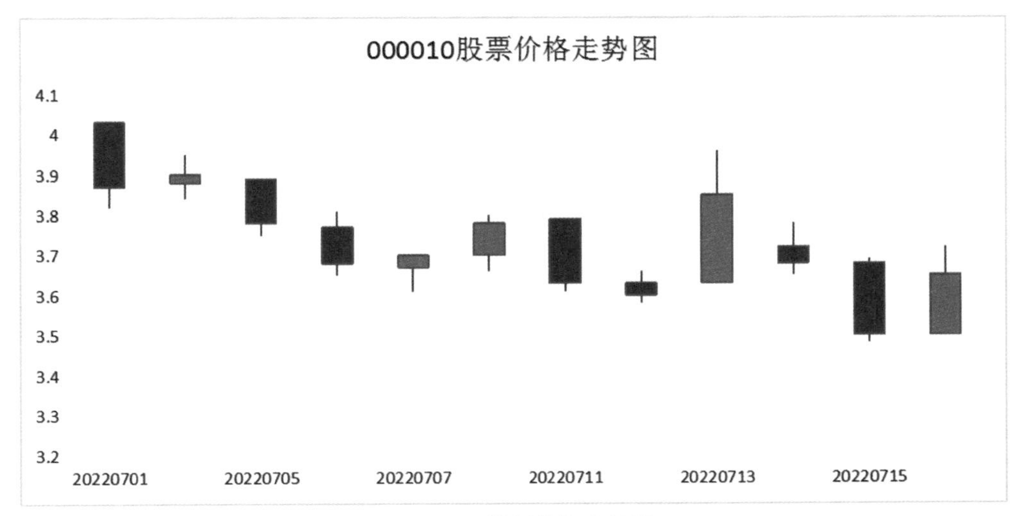

图 4 – 15　股票价格走势图

小提示

K 线图绘制方法

将当日或某一周期的最高价和最低价垂直地连成一条直线；将当日或某一周期的开盘和收盘价连接成一条狭长的长方柱体。假如当日或某一周期的收盘价比开盘价高（即低开高收），便以红色来表示，或是在柱体上留白，这种柱体就称为“阳线”；如果当日或某一周期的收盘价较开盘价低（即高开低收），则以绿色表示，又或是在柱上涂黑色，这种柱体就是“阴线”。如图 4 – 16 所示。

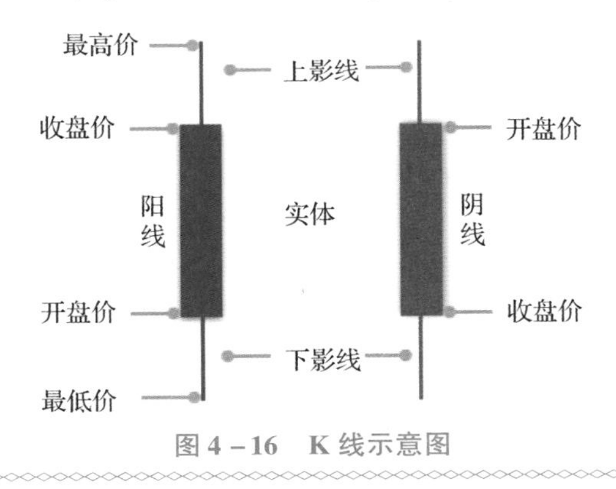

图 4 – 16　K 线示意图

子任务 3　使用 ECharts 绘制 K 线图

微课：使用使用 ECharts 绘制 K 线图

在 ECharts 中，绘制 K 线图需要将 series 中的 type 设置为 candlestick 或者 k，关键代码如下所示：

```
option = {
            title: {
                    text: '000010 股票走势 K 线图',
```

```
            textStyle: { //设置标题文本样式
                fontSize: 20,
            },
            left: 'center',
        },
        tooltip: {
            trigger: 'axis',
        },
        xAxis: {
            type: 'category',
            data:['2022/7/1', '2022/7/4', '2022/7/5', '2022/7/6',
'2022/7/7', '2022/7/8', '2022/7/11', '2022/7/12', '2022/7/13', '2022/7/14',
'2022/7/15', '2022/7/18'],
            axisLine: { //轴线
                show: false
            },
            axisTick: { //刻度线
                show: false
            },
        },
        yAxis: {
            scale:true,
            splitLine: { //坐标轴在 grid 区域中的分隔线。
                show: false
            }
        },
        series: [{
            type: 'k',//K 线图
            data: [
                [4.03, 3.87, 3.82, 4.03],
                [3.88, 3.9, 3.84, 3.95],
                [3.89, 3.78, 3.75, 3.89],
                [3.77, 3.68, 3.65, 3.81],
                [3.67, 3.7, 3.61, 3.7],
                [3.7, 3.78, 3.66, 3.8],
                [3.79, 3.63, 3.61, 3.79],
                [3.63, 3.6, 3.58, 3.66],
                [3.63, 3.85, 3.63, 3.96],
                [3.72, 3.68, 3.65, 3.78],
                [3.68, 3.5, 3.48, 3.69],
                [3.5, 3.65, 3.5, 3.72]
            ],
        }]
    };
```

数据格式是二维数组，二维数组的每一数组项（上例中的每行）含有四个量值，依次是［open，close，lowest，highest］（即［开盘值，收盘值，最低值，最高值］）。

以上配置生成的折线图如 4－17 所示。

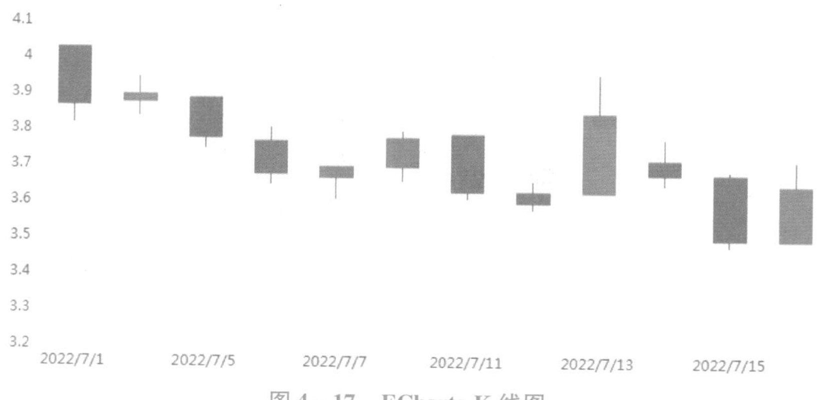

图 4－17　ECharts K 线图

小提示

关于“涨”“跌”的颜色

不同国家或地区对于 K 线图的颜色定义不一样，可能是“红涨绿跌”或“红涨蓝跌”（如日本、韩国等），可能是“绿涨红跌”（如西方国家、新加坡等）。K 线图也不一定要用红蓝、红绿来表示涨跌，也可以用“有色/无色”等表示方法。

子任务 4　使用 pyecharts 绘制 K 线图

微课：使用 pyecharts 绘制 K 线图

在 pyecharts 库中，可使用 Candlestick 类绘制 K 线图，代码为：

```
from pyecharts.charts import Candlestick
from pyecharts import options as opts
import pandas as pd
df = pd.read_excel('data/000010.xlsx')
y_data = df[['open','close','low','high']].values.tolist()
x_data = df['trade_date'].values.tolist()
kline = (
      Candlestick()
      .add_xaxis(x_data)
      .add_yaxis('',y_data)
      .set_global_opts(
           title_opts = opts.TitleOpts(title = '000010 股票走势 K 线图')
      )
)
kline.render_notebook()
```

绘制的图形如图 4－18 所示。

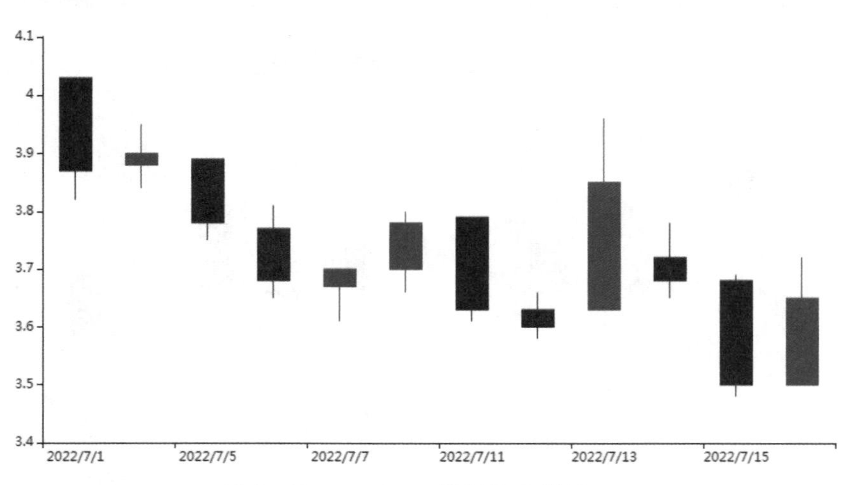

图 4－18　pyecharts 绘制的 K 线图

同步实训

绘制格力电器股票走势 K 线图

1. 实训目的

掌握使用 ECharts、pyecharts 绘制 K 线图的方法。

2. 实训内容及步骤

使用 Tushare 大数据开放社区接口获取格力电器 2 周的股票日线行情数据，使用 ECharts、pyecharts 绘制 K 线图。

任务小结

K 线图又称蜡烛图，常用于展示股票交易数据。K 线图展现股票的开盘价、最高价、最低价、收盘价，反映股票的涨跌变化状况。它也是一种时间趋势可视化图，反映股票交易数据随时间变化的情况。

在 ECharts 中绘制 K 线图时，需要将 series 中的 type 参数值设置为 candlestick 或者 k。在 pyecharts 库中，可使用 Candlestick 类绘制 K 线图。

习　题

一、选择题

1. 在 WPS 表格中可以绘制（　　）种折线图。

A. 2　　B. 3　　C. 4　　D. 6

2. 商务折线图中的线条粗细设置要合理，通常情况下，根据图表大小，为线条设置（　　）磅的粗细。

A. 1　　B. 2~4　　C. 1~2　　D. 4~5

3. K 线图属于（　　）。

A. 项目对比可视化图　　B. 时间趋势可视化图

C. 数据关系可视化图　　D. 成分比例可视化图

4. ECharts 中，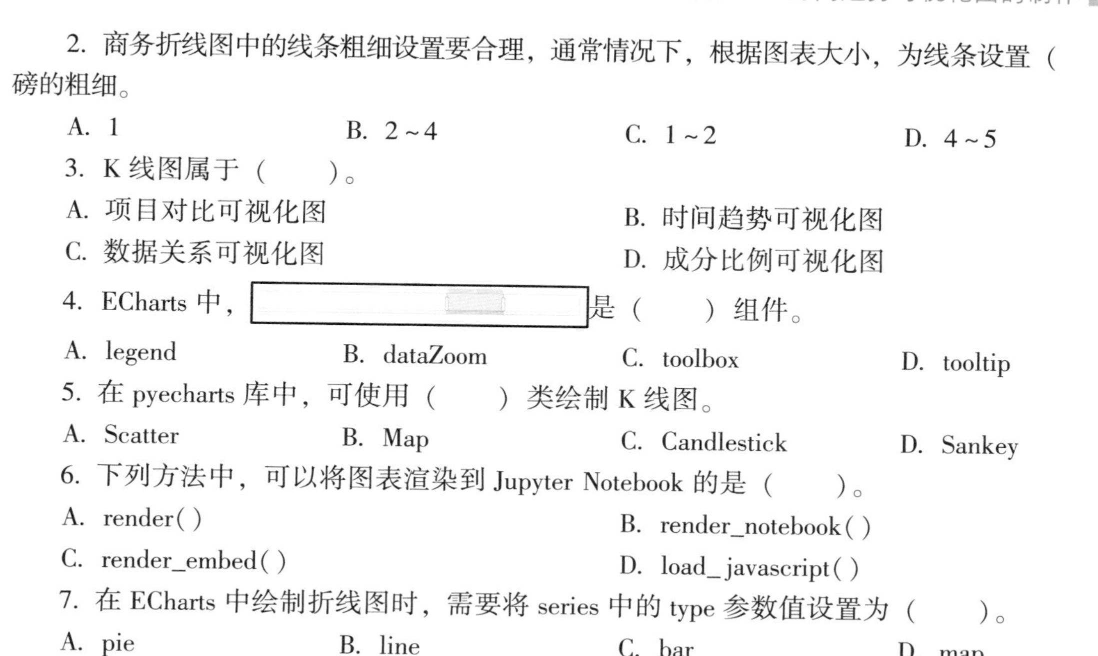是（　　）组件。

A. legend　　B. dataZoom　　C. toolbox　　D. tooltip

5. 在 pyecharts 库中，可使用（　　）类绘制 K 线图。

A. Scatter　　B. Map　　C. Candlestick　　D. Sankey

6. 下列方法中，可以将图表渲染到 Jupyter Notebook 的是（　　）。

A. render()　　B. render_notebook()

C. render_embed()　　D. load_javascript()

7. 在 ECharts 中绘制折线图时，需要将 series 中的 type 参数值设置为（　　）。

A. pie　　B. line　　C. bar　　D. map

二、操作题

依据图 4-19 中的数据使用 WPS 表格、ECharts 及 pyecharts 绘制某城市一周最高/最低气温折线图。其中，ECharts 绘制代码请参考案例：

https://echarts.apache.org/examples/zh/editor.html?c=line-marker

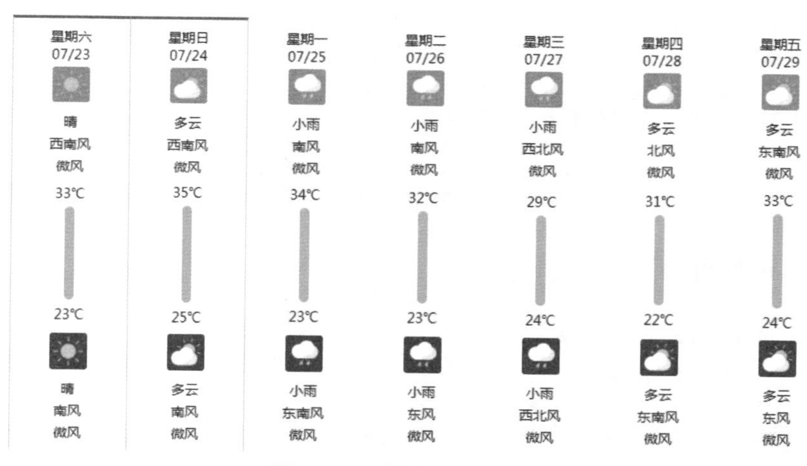

图 4-19　某城市一周天气

项目 4 习题及答案

项目5

数据关系可视化图的制作

项目概述

有一类图表应用也很广泛，它们主要展示数据之间存在的关系。其中应用最多的便是散点图和气泡图了。本项目将介绍典型的数据关系可视化图（散点图、气泡图）的制作。

学习目标

知识目标	了解常用的数据关系可视化图，掌握使用WPS表格、ECharts、pyecharts绘制散点图的方法，掌握使用WPS表格、ECharts绘制气泡图的方法
能力目标	会制作散点图、气泡图
素养目标	深刻领悟工匠精神，在工作中要学会应用

工作任务

任务1 绘制散点图※★

任务2 绘制气泡图

※全国职业院校技能大赛（大数据技术与应用）竞赛内容

★1+X职业技能标准——大数据应用开发（Python）职业技能中级

任务1 绘制散点图

【素养小提示】

听总书记讲

工匠精神

问题引入

今天的中国，呼唤着奋斗者真抓实干、埋头苦干，在工作中发扬执着专注、精益求精、一丝不苟、追求卓越的工匠精神，继续向着伟大目标奋勇行进。表5-1是某科技公司员工时间与工作绩效的关系情况。

表5-1 公司员工绩效与工作时间表

工作时间	员工绩效
8.1	74
6.5	77
7.7	87
8.9	79
…	…

那么如何绘制展现工作时间与员工绩效相关关系的图形呢？

解决方法

在大数据时代，人们更关注数据之间的相关关系而非因果关系。散点图既能用来呈现数据点的分布，表现两个元素的相关性，又能像折线图一样，表示时间推移下数据的发展趋势。可以使用 WPS 表格、ECharts、pyecharts 绘制散点图。

任务实施

散点图又称散点分布图，是以一个变量为横坐标，另一个变量为纵坐标，利用散点的分布形态反映变量统计关系的一种图形，因此，需要至少为每个散点提供两个数值。散点图的核心思想是研究，适用于发现变量间的关系与规律，不适用于清晰表达信息的场景。

散点图上数据点的分布情况，可以反映出变量间的相关性。如果变量之间不存在相互关系，散点图上就会表现为随机分布的离散的点；如果存在某种相关性，那么大部分的数据点就会相对密集，并以某种趋势呈现。数据的相关关系主要分为正相关（两个变量值同时增长）、负相关（一个变量值增长，另一个变量值下降）、不相关、线性相关、指数相关、U形相关等，表现在散点图上的大致分布如图5-1所示。那些离点集群较远的点称为离群点或者异常点。

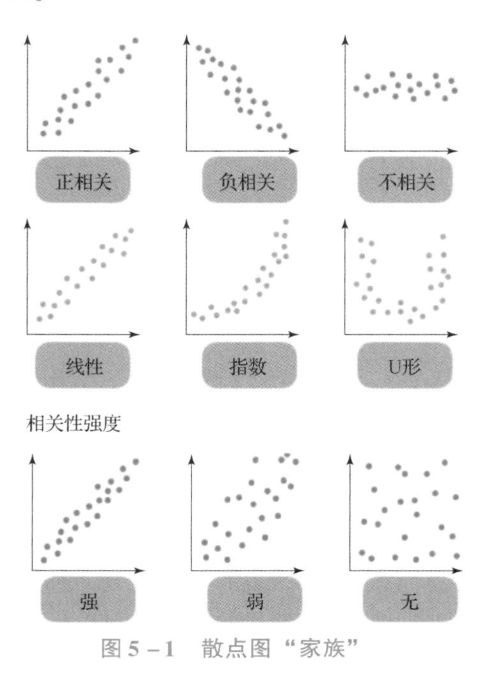

图5-1 散点图“家族”

子任务 1　使用 WPS 表格绘制散点图

散点图是反映数据间关系的图表，绘制也很简单，单击“插入”→“全部图表”→“XY(散点图)”，如图 5－2 所示。

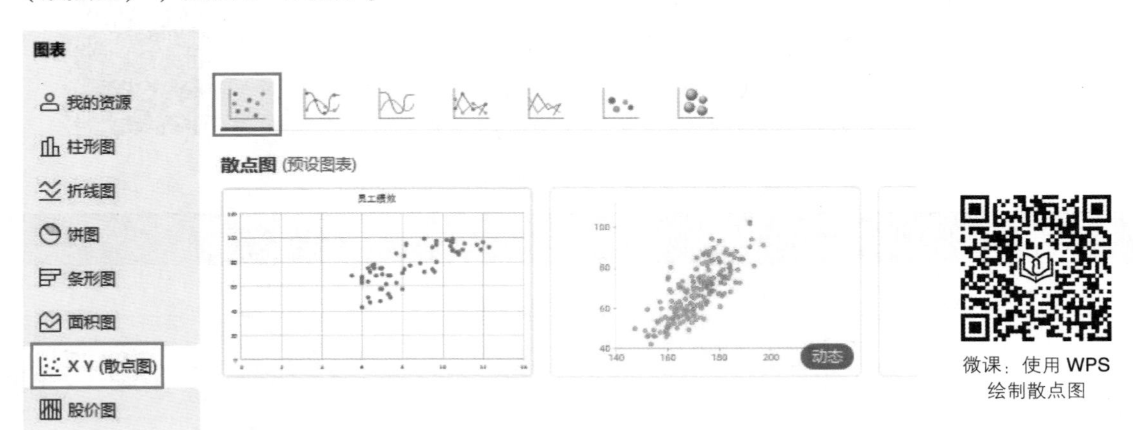

图 5－2　插入散点图

插入的散点图如图 5－3 所示。对于一个散点图来说，把横坐标轴和纵坐标轴互换之后，还是一个散点图，但是，在用于分析和展示时，通常都会把重要的数据放在纵坐标轴。公司员工绩效与工作时间的关系中，员工绩效是重点，所以把它作为纵坐标轴。

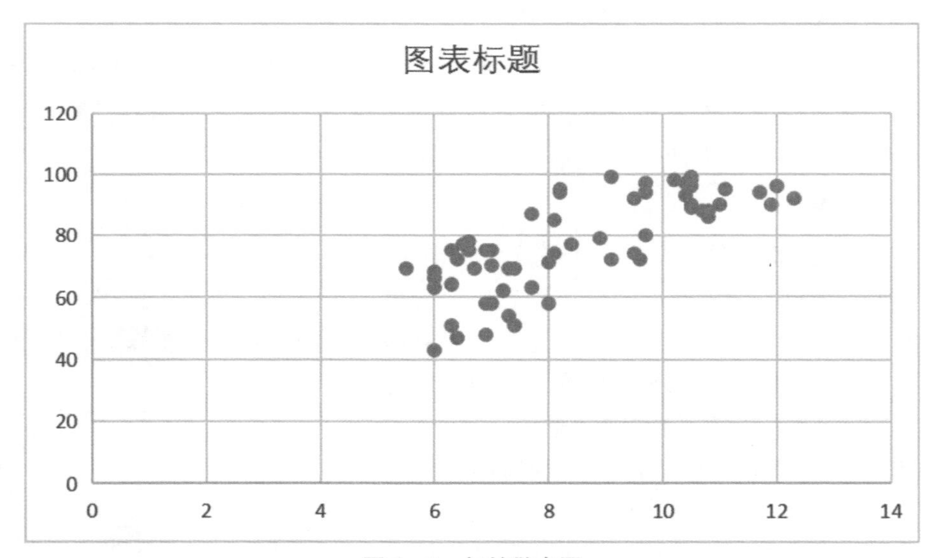

图 5－3　初始散点图

根据散点的特征，在制作散点图时，有以下几个注意事项需要引起关注。

（1）坐标轴边界值的调整

散点图中，由于数据项目呈点状分布在图表中，为了最大限度地体现散点的分布，而不是让散点挤在图表的某个区域，通常需要调整 X、Y 坐标轴的边界值。调整标准是，让边界值最接近数据项目的最大值和最小值。

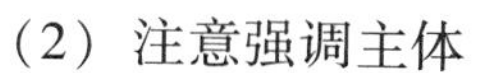

（2）注意强调主体

默认情况下，散点图是以圆点形式显示数据点的。在绘制散点图时，注意为坐标轴设置比较细的线条，为各个坐标点使用稍粗的边框线进行突出显示。

（3）进行合理的注释

由于散点图中的数据点一般较多，不会显示出数据标签。所以，尽量在图上标注出纵、横坐标轴的标题，或者进行适当的图注说明，方便读者理解图上坐标点的意义。

（4）多系列的散点图

散点图特别适合用于比较两个可能互相关联的变量，但常常是对一组数据进行分析。如果要制作包含两组或两组以上的数据系列的散点图，为了进行区分，可以添加图例为每类数据进行解释，将每个点的标记形状更改为方形、三角形、菱形或其他形状或设置为不同颜色。

进行相应注意点设置后的散点图如图 5-4 所示。

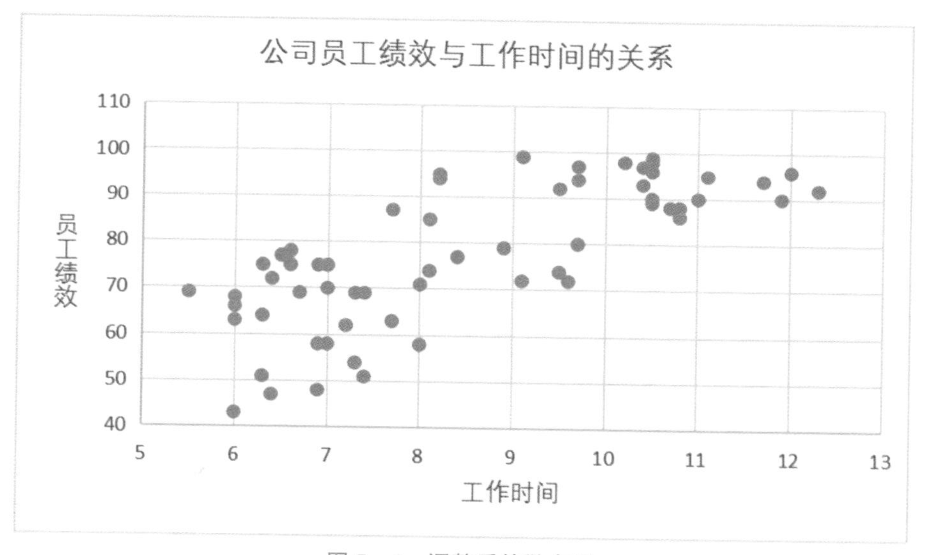

图 5-4　调整后的散点图

子任务 2　使用 ECharts 绘制散点图※

微课：使用 ECharts 绘制散点图

1. 绘制基础散点图

在 ECharts 中，绘制散点图需要将 series 中的 type 设置为 scatter，代码如下所示：

```
option = {
        title:{
              text:'公司员工绩效与工作时间的关系',
              left: 'center',
              textStyle: { //设置标题文本样式
```

```
                fontSize: 20,
            },
        },
        tooltip: {
                formatter:'{c}', //{c}表示(数值数组)
        },
        xAxis: {
            scale: true,//设置成 true 后,坐标刻度不会强制包含零刻度。
            name: '工作时间',
            nameLocation: 'middle',
            nameGap: 40,
            nameTextStyle: {
                fontSize: 14
            },
            axisTick: { //轴刻度
                show: false,
            },
        },
        yAxis: {
            scale: true,
            name: '员工绩效',
            nameRotate: -90,
            nameLocation: 'middle',
            nameGap: 40,
            nameTextStyle: {
                fontSize: 14
            },
            axisTick: { //轴刻度
                show: false,
            },
            },
        series:[{
            type: 'scatter', //散点图
            data: [[8.1,74],[6.5,77],[7.7,87],[8.9,79],[10.5,98],[6,43],
                   [8.2,95],[10.2,98],[6,68],[6.6,75],[10.5,89],[9.1,72],
                   [10.7,88],[7,70],[6,63],[9.7,80],[9.7,97],[9.5,74],
                   [6.3,75],[5.5,69],[7.2,62],[11.9,90],[6.3,51],[9.6,72],
                   [8.4,77],[8,58],[10.5,96],[6.9,75],[7.7,63],[10.8,86],
                   [12.3,92],[9.5,92],[11.7,94],[11.1,95],[10.8,88],
                   [12,96],[8.1,85],[6,66],[6.4,72],[10.4,97],[7,75],
                   [9.1,99],[7.3,69],[9.7,94],[7.3,54],[6.6,78],[6.9,48],
                   [6.4,47],[10.5,99],[6.3,64],[11,90],[6.9,58],[10.,90],
                   [6.7,69],[10.4,93],[7,58],[8.2,94],[7.4,51],[7.4,69],[8,71]
                  ]
    }],
        };
```

以上配置生成的散点图如图5－5所示。

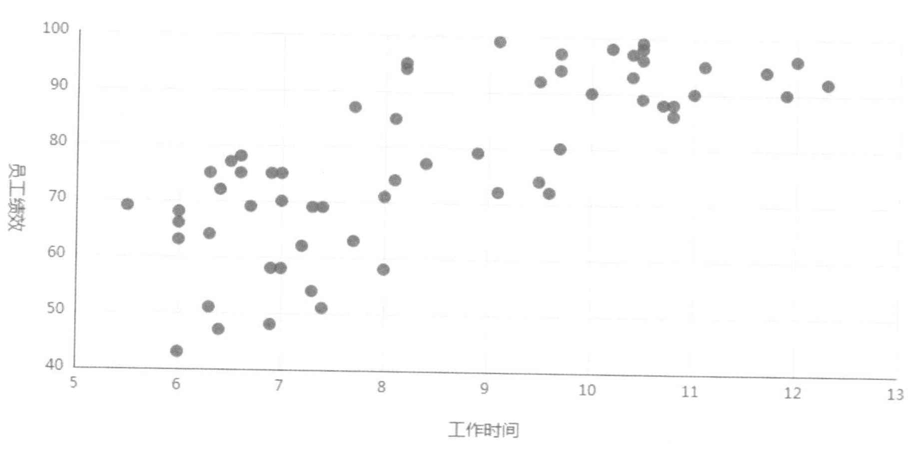

图5－5　ECharts散点图

代码中，数组[8.1,74]中的数据分别表示员工工作时间和绩效，由于在代码中标识了type：'scatter'，所以，ECharts会自动从这个数组中读取第一个元素8.1作为横坐标、第二个元素74作为纵坐标。

当需要将不同类别的散点展现在同一张图中时，只需要在series中增加新的数据即可。

2. 拓展：绘制涟漪特效散点图

在ECharts中，使用effectScatter参数可以设置带有涟漪特效的散点图，现将图5－5中的[6,43]、[9.1,99]、[10.5,99]这三个极值设置涟漪特效。关键代码为：

```
series:[
            {
            type: 'effectScatter',//涟漪特效的散点图
            symbolSize: 20,
            data: [[6,43],[9.1,99],[10.5,99]]
             },
            {
            type: 'scatter',
            data: [[8.1,74],[6.5,77],[7.7,87],[8.9,79],[10.5,98],[6,43],
                   [8.2,95],[10.2,98],[6,68],[6.6,75],[10.5,89],[9.1,72],
                   [10.7,88],[7,70],[6,63],[9.7,80],[9.7,97],[9.5,74],
                   [6.3,75],[5.5,69],[7.2,62],[11.9,90],[6.3,51],[9.6,72],
                   [8.4,77],[8,58],[10.5,96],[6.9,75],[7.7,63],[10.8,86],
                   [12.3,92],[9.5,92],[11.7,94],[11.1,95],[10.8,88],
                   [12,96],[8.1,85],[6,66],[6.4,72],[10.4,97],[7,75],
                   [9.1,99],[7.3,69],[9.7,94],[7.3,54],[6.6,78],[6.9,48],
                   [6.4,47],[10.5,99],[6.3,64],[11,90],[6.9,58],[10.,90],
                   [6.7,69],[10.4,93],[7,58],[8.2,94],[7.4,51],[7.4,69],[8,71]]
                  ]
            }
      ]
```

生成的涟漪特效散点图如图 5-6 所示。

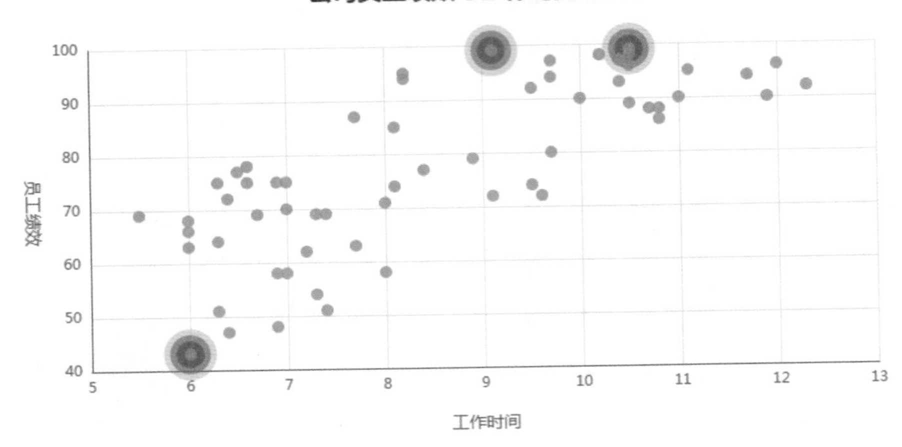

图 5-6 ECharts 涟漪特效散点图

子任务 3 使用 pyecharts 绘制散点图★

微课：使用 pyecharts 绘制散点图

在 pyecharts 库中，可使用 Scatter 类绘制散点图。

1. Scatter 类

Scatter 类的基本使用格式如下：

```
class Scatter(init_opts = opts.InitOpts())
.add_xaxis(xaxis_data)
.add_yaxis(series_name,y_axis,is_selected = True,xaxis_index = None,yaxis_index = None,color = None,symbol = None,symbol_size = 10,symbol_rotate = None,label_opts = opts.LabelOpts(position = 'right'),markpoint_opts = None,markline_opts = None,markarea_opts = None,tooltip_opts = None,itemstyle_opts = None,encode = None)
.set_series_opts()
.set_global_opts()
```

Scatter 类的常用参数及其说明见表 5-2。

表 5-2 Scatter 类的常用参数及其说明

参数名称	说明
init_opts = opts. InitOpts( )	表示设置初始配置项
add_xaxis( )	表示添加 x 轴数据项
xaxis_data	接收 Sequence，表示 x 轴数据项。无默认值
add_yaxis( )	表示添加 y 轴数据项
series_name	接收 str，表示系列名称，用于 tooltip 的显示、legend 的图例筛选。无默认值

续表

参数名称	说明
y_axis	接收 types. Sequence 序列，表示系列数据。无默认值
is_selected	接收 bool，表示是否选中图例。默认为 True
xaxis_index	接收 numeric，表示使用的 x 轴的 index，在单个图表实例中存在多个 x 轴的时候有用。默认为 None
yaxis_index	接收 numeric，表示使用的 y 轴的 index，在单个图表实例中存在多个 y 轴的时候有用。默认为 None
color	接收 str，表示系列 label 颜色。默认为 None
symbol	接收 str，表示标记的图形，可选标记类型包括 circle、rect、roundrect、triangle、diamond、pin、arrow、None。默认为 None
symbol_size	接收 numeric、Sequence，表示标记的大小，可以设置成单一的数字，如 10；也可以用数组分开表示宽和高，例如，[20,10]表示标记宽为 20，高为 10。默认为 4
symbol_rotate	接收 types. numeric，表示标记的旋转角度。默认为 None
set_series_opts()	表示设置系列配置项
set_global_opts()	表示设置全局配置项

2. 绘制散点图

pyecharts 绘制散点图的代码为：

```
    import pandas as pd
    from pyecharts.charts import Scatter
    from pyecharts import options as opt
    report = pd.read_excel('D:/Jupyter/数据/公司员工绩效与工作时间的关系 .xlsx')#读取
excel 类型文件
    c = (
        Scatter(init_opts = opt.InitOpts(width = '600px',height = '400px'))
        .add_xaxis(report['工作时间'].tolist())
        .add_yaxis('',report['员工绩效'].tolist(),
                   symbol_size = 10,label_opts = opt.LabelOpts(is_show = False),
                    itemstyle_opts = opt.ItemStyleOpts(color = '#5a76c8'))
        .set_global_opts(title_opts = opt.TitleOpts(title = '公司员工绩效与工作时间的
关系',pos_left = 'center'),
    #坐标轴配置为:显示分割线,坐标轴名称居中,坐标最大值、最小值,不显示坐标轴刻度
    xaxis_opts = opt.AxisOpts(type_ = 'value',splitline_opts = opt.SplitLineOpts(is_
show = True),
```

```
                    name = '工作时间',name_location = 'middle',min_ = 5,max_ = 13,
                    axistick_opts = opt.AxisTickOpts(is_show = False)),
    yaxis_opts = opt.AxisOpts(type_ = 'value',splitline_opts = opt.SplitLineOpts(is_
show = True),
                    name = '员工绩效',name_location = 'middle',min_ = 40,max_ = 100,
                    name_rotate = -90,name_gap = 40,
                    axistick_opts = opt.AxisTickOpts(is_show = False)))
    )
    c.render_notebook()
```

绘制的图形如图 5 - 7 所示。

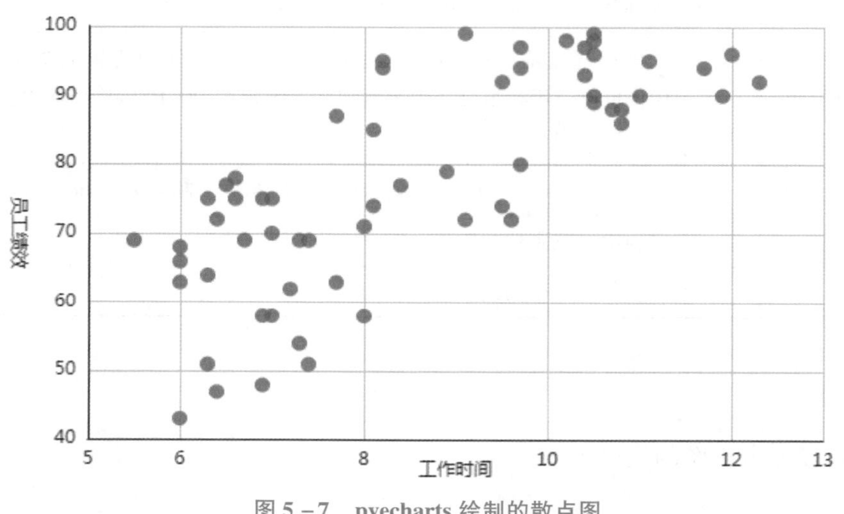

图 5 - 7　pyecharts 绘制的散点图

3. 拓展：绘制 3D 散点图

3D 散点图（3D Scatter）与基本散点图类似，区别主要是 3D 散点图是在三维空间中的点图，基本散点图是在二维平面上的点图。

在 pyecharts 库中，可使用 Scatter3D 类绘制 3D 散点图，Scatter3D 类的基本使用格式如下：

```
    class Scatter3D(init_opts = opts.InitOpts())
    .add(series_name, data, grid3d_opacity = 1, shading = None, itemstyle_opts = None,
xaxis3d_opts = opts.Axis3DOpts(), yaxis3d_opts = opts.Axis3DOpts(), zaxis3d_opts =
opts.Axis3DOpts(), grid3d_opts = opts.Grid3DOpts(), encode = None)
    .set_series_opts()
    .set_global_opts()
```

Scatter3D 类的常用参数及其说明见表 5 - 3。

表5-3　Scatter3D类的常用参数及其说明

参数名称	说 明
init_opts = opts. InitOpts( )	表示设置初始配置项
add( )	表示添加数据方法
name	接收 str，表示图例名称。无默认值
data	接收 Sequence，表示系列数据，每一行是一个数据项，每一列属于一个维度。无默认值
grid3d_opacity	3D 笛卡尔坐标系组的透明度（点的透明度），默认为1，完全不透明
xaxis3d_opts	表示添加 x 轴数据项
yaxis3d_opts	表示添加 y 轴数据项
zaxis3d_opts	表示添加 z 轴数据项
set_series_opts( )	表示设置系列配置项
set_global_opts( )	表示设置全局配置项

某运动会各运动员的最大携氧能力、体重和运动后心率部分数据见表5-4。

表5-4　运动员的最大携氧能力、体重和运动后心率数据

最大携氧能力（mL/min）	体重（kg）	运动后心率（次/分钟）
55. 79	70. 47	150
35. 00	70. 34	144
42. 93	87. 65	162
28. 30	89. 80	129
40. 56	103. 02	143

绘制表5-4中的数据的3D散点图的代码为：

```
import pandas as pd
import numpy as np
from pyecharts.charts import Scatter3D
player_data = pd.read_excel('数据/运动员的最大携氧能力、体重和运动后心率数据.xlsx')
player_data = [player_data['体重(kg)'], player_data['运动后心率(次/分钟)'],
               player_data['最大携氧能力(ml/min)']]
player_data = np.array(player_data).T.tolist()
s = (Scatter3D()
.add('', player_data, xaxis3d_opts = opts.Axis3DOpts(name = '体重(kg)'),
       yaxis3d_opts = opts.Axis3DOpts(name = '运动后心率(次/分钟)'),
       zaxis3d_opts = opts.Axis3DOpts(name = '最大携氧能力(ml/min)')
```

```
    )
.set_global_opts(title_opts=opts.TitleOpts(
    title='最大携氧能力、体重和运动后心率3D散点图'),
        visualmap_opts=opts.VisualMapOpts(range_color=[
            '#1710c0', '#0b9df0', '#00fea8', '#00ff0d', '#f5f811', '#f09a09',
            '#fe0300']), ))
s.render_notebook()
```

绘制的图形如图5－8所示。其中，x轴为体重，y轴为最大携氧能力，z轴为运动后心率。

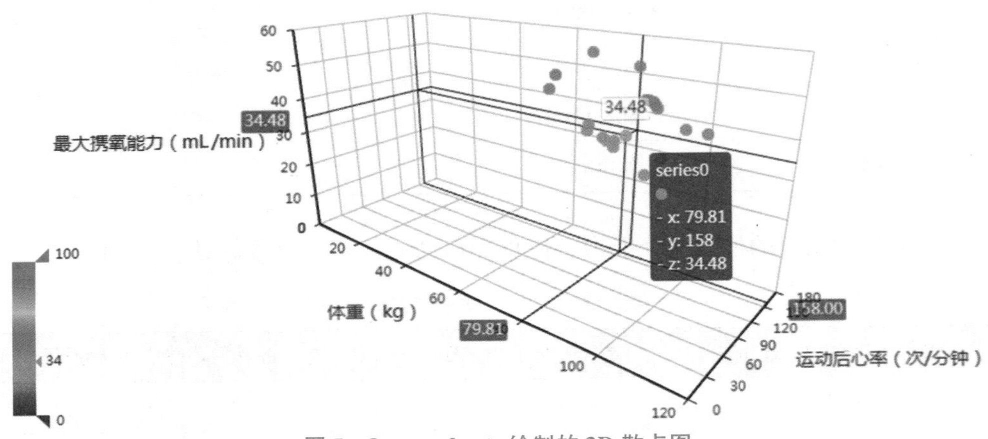

图5－8　pyecharts绘制的3D散点图

同步实训

绘制体重与身高关系散点图

1. 实训目的

掌握使用ECharts、pyecharts绘制散点图的方法。

2. 实训内容及步骤

①将表5－5中的数据使用ECharts绘制散点图，将极值设置为涟漪特效。

②将表5－5中的数据使用pyecharts绘制散点图。

表5－5　某地区部分儿童的身高和体重数据

身高（m）	0.75	0.85	0.95	1.08	1.12	1.16	1.35	1.51	1.55	1.6	1.63	1.67
体重（kg）	10	12	15	17	20	22	35	42	48	50	51	54

任务小结

散点图既能用来呈现数据点的分布，表现两个元素的相关性，又能像折线图一样表示时间推移下数据的发展趋势。散点图的核心思想是研究，适用于发现变量间的关系与规律，不适用于清晰表达信息的场景。散点图上数据点的分布情况可以反映出变量间的相关性。

在 ECharts 中，绘制散点图时，需要将 series 中的 type 设置为 scatter。如果将 type 设置为 effectScatter，可以绘制出带有涟漪特效的散点图。

在 pyecharts 库中，可使用 Scatter 类绘制散点图；可使用 Scatter3D 类绘制 3D 散点图。

任务2　绘制气泡图

问题引入

快递小哥工作很辛苦，起早贪黑、风雨无阻，越是节假日越忙碌，像勤劳的小蜜蜂，是最辛勤的劳动者，为人们的生活带来了便利。畅通微循环，助力美好生活，千千万万快递小哥一直在奔跑。快递小哥单次配送包裹数、准时送达率和配送费的数据关系情况见表5-6。

表5-6　单次配送包裹数、准时送达率和配送费的数据关系

配送包裹数	准时送达率	配送费
17.52	76.42%	8
17.38	77.97%	6
16.21	77.75%	3
16.23	78.96%	3
…	…	…

【素养小提示】

以工匠精神创造工作新业绩

如何绘制展示以上数据的图表？

解决方法

气泡图是 XY 散点图的扩展，它相当于在 XY 散点图的基础上增加了第三个变量，即气泡的大小尺寸，这样就解决了在二维图中比较难以表达三维关系的问题。气泡图可以应用于分析更加复杂的数据关系。“配送包裹数”“准时送达率”“配送费”属于“三类数据”，它们的数据值都是数字，并且是多对多关系，可以首选气泡图。可以使用 WPS 表格、ECharts、pyecharts 绘制气泡图。

任务实施

子任务1　使用 WPS 绘制气泡图

气泡图是反映三类数据的多对多关系的图表，绘制也很简单，单击“插入”→“全部图表”→“XY（散点图）”即可，如图5-9所示。

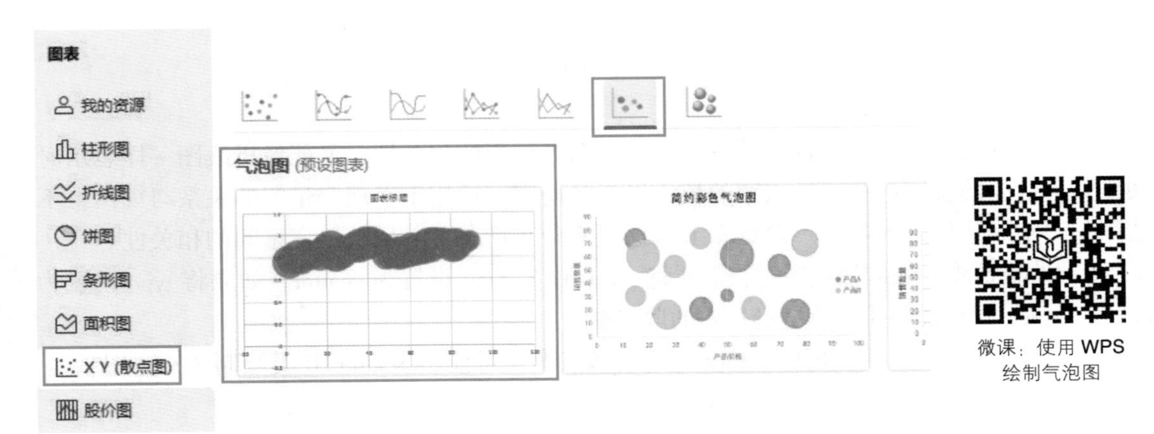

图 5－9　插入气泡图

默认的气泡图的“气泡”全部堆积在一起，难以分析。根据数据大小，将纵坐标轴的“最小值”设置为“0.7”，“最大值”设置为“1”；将横坐标的“最小值”设置为“12”，“最大值”设置为“18”，如图 5－10 所示。

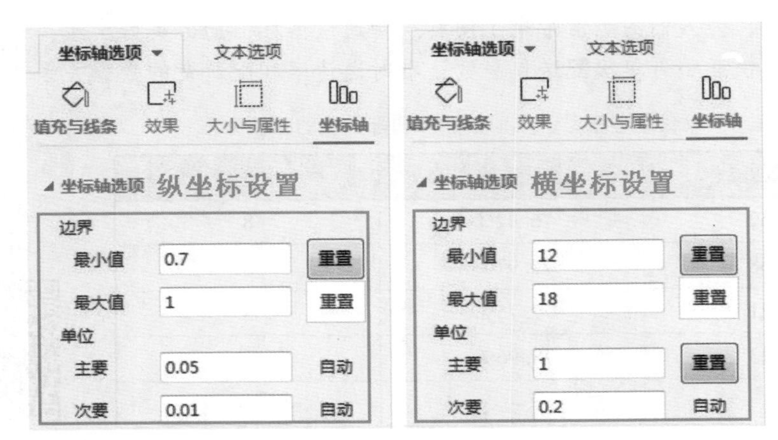

图 5－10　坐标轴设置

修改图表标题，如图 5－11 所示。

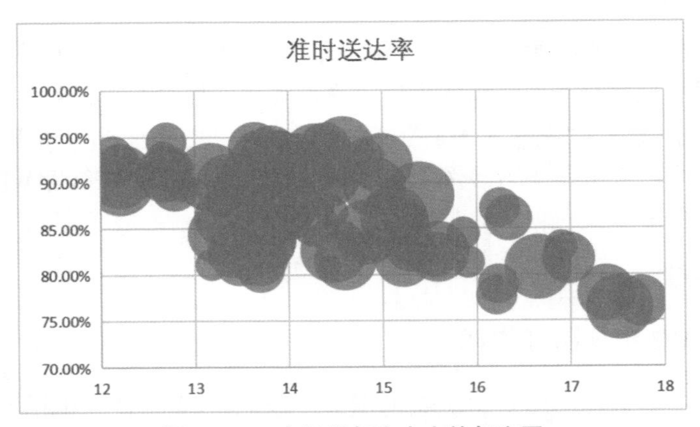

图 5－11　未设置气泡大小的气泡图

此时需要修改气泡的大小和颜色，以便于区分各个数据点。

双击任意气泡，在“系列选项”对话框中将“大小表示”设置为“气泡宽度”，“气泡大小缩放为”50，设置气泡的填充和透明度，具体设置如图5－12和图5－13所示。

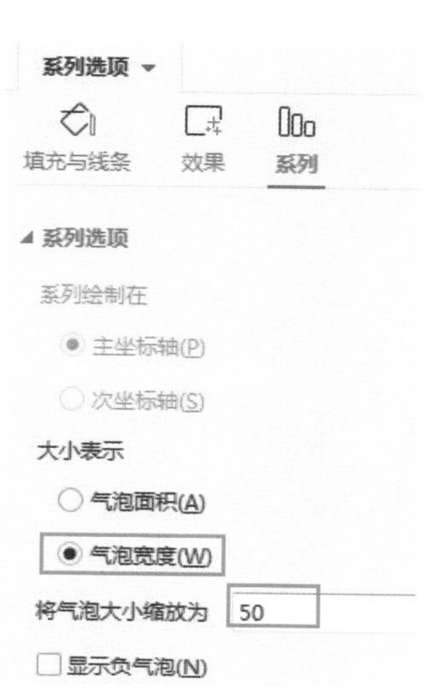

图5－12　设置气泡宽度

系列选项
填充与线条　效果　系列
填充
无填充(N)
纯色填充(S)
渐变填充(G)
图片或纹理填充(P)
图案填充(A)
自动(U)
依数据点着色(V)
颜色(C)
透明度(T)　50%

图5－13　设置气泡填充及透明度

最终图表如图5－14所示。

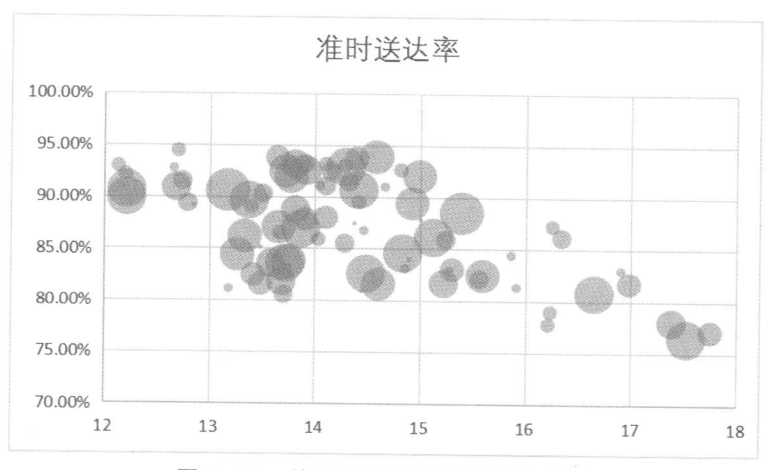

图5－14　使用WPS表格绘制的气泡图

子任务2　使用ECharts绘制气泡图

微课：使用ECharts绘制气泡图

气泡图可以展示三个维度的信息，可以通过气泡大小展示第三维度信息。在ECharts中绘制气泡图，只需要在散点图的基础上在系列中使用function函数功能，返回当前气泡的第三个维度的数据，也就是气泡的大小。需要注意的是，data[2]代表第三维数据，因为是从data[0]开始计算的。具体代码如下：

```
option = {
        title: {
            text: '准时送达率',
            textStyle: {fontSize: 20,},
            left: 'center',
        },
        xAxis: {
            axisTick: {show: false,},
            axisLine: {show: false},
            splitLine: {
                lineStyle: {type: 'dashed'}
            },
            scale: true
        },
        yAxis: {
            axisTick: {show: false,},
            axisLine: {show: false},
            splitLine: {
                lineStyle: {type: 'dashed'}
            },
            scale: true
        },
        series: [{
            type: 'scatter',//散点图
            data: [
                [17.52,0.7642,8],
                [17.38,0.7797,6],
                [16.21,0.7775,3],
                [16.23,0.7896,3],
              …//省略部分数据
            ],
            symbolSize:function(data){
                return data[2] * 4;
            }
        }]
    };
```

以上配置生成的气泡图如图 5 – 15 所示。

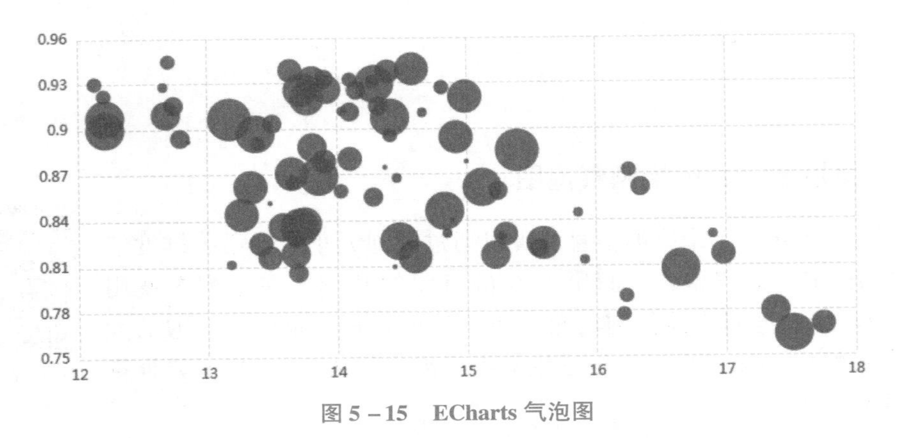

图 5 – 15　ECharts 气泡图

同步实训

绘制网店商品销量气泡图

1. 实训目的

掌握使用 ECharts 绘制气泡图的方法。

2. 实训内容及步骤

将表 5－7 的流量设为 x 轴，收藏设为 y 轴，销量设为气泡大小，使用 ECharts 绘制气泡图。

表 5－7　某网店商品数据

流量（个）	收藏（个）	销量（件）
569	99	10
854	45	4
958	42	66
1 100	15	2
1 342	42	5
1 100	62	6
1 265	85	55
958	75	8
1 254	42	4
867	52	5
847	62	12
458	42	15
658	12	42

任务小结

气泡图是 XY 散点图的扩展，它相当于在 XY 散点图的基础上增加了第三个变量，即气泡的大小尺寸，这样就解决了在二维图中比较难以表达三维关系的问题。气泡图可以应用于分析更加复杂的数据关系。

如果需要体现 3 个变量之间的关系，并且需要强调第三维的数据，就要选择气泡图来展示。

在 ECharts 中绘制气泡图，只需要在散点图的基础上在系列中使用 function 函数功能，返回当前气泡的第三个维度的数据，也就是气泡的大小。

习 题

一、选择题

1. 如果需要体现3个变量之间的关系，并且需要强调第三维的数据，就要选择（　　）。

A. 散点图　　B. 柱形图　　C. 折线图　　D. 气泡图

2. 在 ECharts 中绘制气泡图时，需要将 series 中的 type 参数值设置为（　　）。

A. pie　　B. scatter　　C. bar　　D. map

3. 散点图属于（　　）。

A. 项目对比可视化图　　B. 时间趋势可视化图

C. 数据关系可视化图　　D. 成分比例可视化图

4. 在 ECharts 中，symbol 表示标记的图形，这些图形标记类型可以是（　　）。（多选题）

A. circle　　B. roundRect　　C. triangle　　D. diamond

二、操作题

依据表 5－8 中的数据使用 WPS 表格、ECharts 绘制商品市场占用情况的气泡图，WPS 表格绘制的效果如图 5－16 所示，ECharts 绘制的效果如图 5－17 所示。

表 5－8　商品市场占有情况

年市场增长率	市场份额	销售额（百万元）	商品
4.58%	8.47%	0.89	薯片
2.65%	18.66%	1.51	玉米饼
6.23%	12.20%	1.51	南瓜饼
－5.88%	22.12%	3.13	饼干
－2.87%	8.25%	2.48	蛋糕
8.56%	21.27%	0.86	状元饼
－4.86%	13.66%	1.78	椰球
－2.94%	19.56%	1.09	威化饼

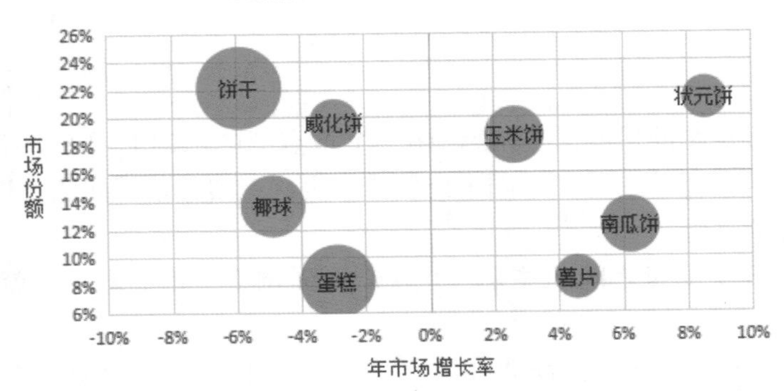

图 5－16　使用 WPS 绘制的商品市场占有情况气泡图

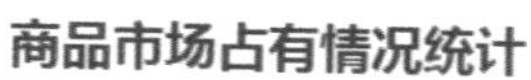

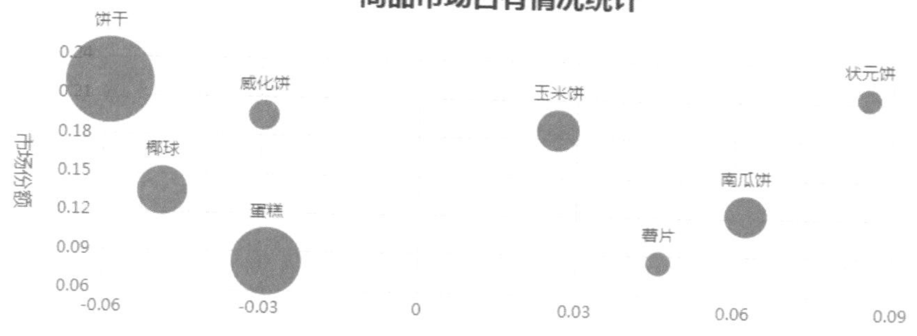

图 5-17　使用 ECharts 绘制的商品市场占有情况气泡图

项目5 习题及答案

项目6

成分比例可视化图的制作

项目概述

当要表现数据在同一维度下的结构、组成、占比关系时，应该使用构成型图表。这类图表中应用最多的便是饼图和雷达图了。本项目将介绍典型的成分比例可视化图（饼图、雷达图）的制作。

学习目标

知识目标	了解常用的成分比例可视化图，掌握使用 WPS 表格、ECharts、pyecharts 绘制饼图和雷达图的方法
能力目标	会制作饼图、雷达图
素养目标	了解国情国策，争做爱国、励志、求真、力行的新时代青年

工作任务

任务 1 绘制饼图※★

任务 2 绘制雷达图

※全国职业院校技能大赛（大数据技术与应用）竞赛内容

★1 + X 职业技能标准——大数据应用开发（Python）职业技能中级

任务1 绘制饼图

问题引入

我国于2020年开展第七次全国人口普查，普查结果全面、翔实地反映了当前我国人口的基本情况及10年间人口的发展变化。10年来，我国人口总量持续增长，我国仍然是世界第一人口大国。人口质量稳步提升，人口受教育程度明显提高。我国2020年人口受教育情况见表6－1。

【素养小提示】

第七次全国人口普查公报

表6－1 2020年人口受教育情况

受教育程度	人口
大专及以上	218 360 767
高中（含中专）	213 005 258
初中	487 163 489
小学	349 658 828
注：数据来自国家统计局。	

那么，如何绘制展现2020年人口受教育情况的图形呢？

解决方法

饼图适合进行简单的占比分析，在不要求数据精细对比的情况下使用。它可以明确显示一定范围、概念内各种因子的占比情况，方便、直观地表现局部和整体的关系。可以使用WPS表格、ECharts、pyecharts绘制饼图。

任务实施

饼图是三大类图表之一，很多情况下都会使用饼图来分析数据的结构。

饼图是通过圆形及圆内扇形的角度大小来表示数值大小的统计图表。饼图适用于显示个体与整体的比例关系，显示数据项目相对于总量的比例，每个扇区显示其占总体的百分比，所有扇区百分数的总和为100%。

子任务1 使用WPS表格绘制饼图

1. 绘制饼图

绘制饼图很简单，选择数据区域，插入饼图，如图6－1所示。

插入后，就会自动得到图6－2所示的图表。为饼图添加图表标题和数据标签，设置数据标签，调整扇区顺序，如图6－3所示。

最终的饼图如图6－4所示。

微课：使用WPS表格绘制饼图

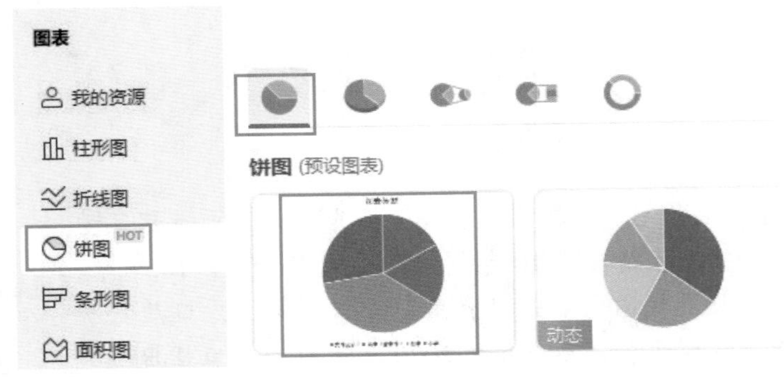

图 6－1　插入饼图

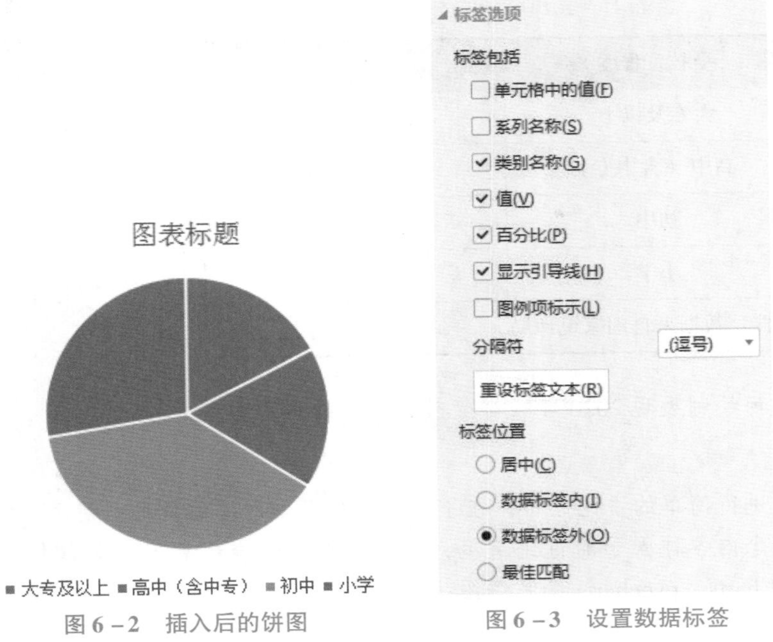

图 6－2　插入后的饼图

图 6－3　设置数据标签

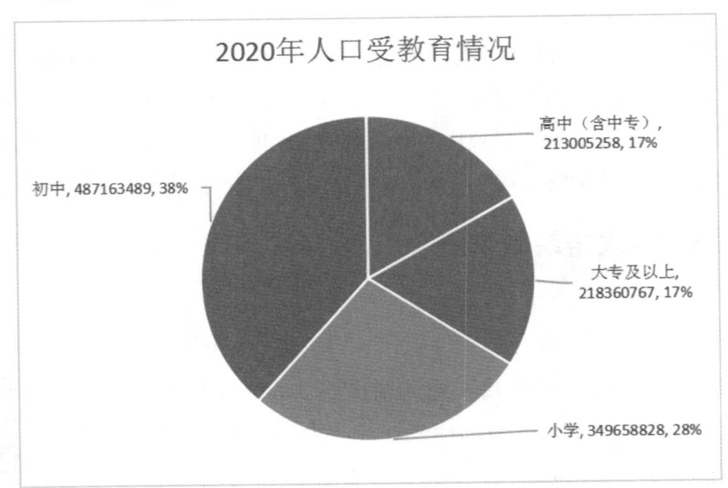

图 6－4　使用 WPS 表格绘制的饼图

2. 绘制饼图注意事项

在绘制饼图时，需要考虑饼图绘制是否符合规范，是否方便读取图表信息，以最大限度保证图表准确传达了数据含义。做好以下几点，就可以让饼图更专业。

（1）保证各扇区相加构成 100%

饼图常用于表现一个数据系列的占比关系，并且要绘制的数值中不包含负值，也几乎没有零值。如果对饼图的数据标签进行了四舍五入，导致饼图各部分相加的和不等于 100%，就需要在饼图下方对标签数据进行四舍五入的说明，避免引起不必要的误会。

（2）限制扇形的数量

一般来说，饼图分割不宜超过 5 份，如果超过 5 份，就考虑数据是否可进行整合，将第 5 份和其他太细的部分统统归类为“其他”表示出来，或者直接用其他图表类型来展现。

（3）设置第一个扇区的起始位置

饼图中第一个扇区的默认起始位置是 12 点钟方向（0°），再按照读者查看时钟的习惯，先上后下、顺时针移动来排布扇形。在很多情况下，这种默认的排列角度可能会影响对数据的阅读和判断，因此，需要对第一扇区起始角度进行调整，这个调整是在“设置数据系列格式”窗格里进行的。

（4）调整扇区顺序

一般都会先对作图数据进行排序处理，使生成的饼图各扇区直观排序，便于阅读和比较。

（5）标注饼图数据

默认情况下，生成的饼图没有添加数据标签。读图时，需要对照图例信息，比较麻烦。实际上，可以将图例删除，添加数据标签，并用类别名称来代替，这样会使图表显得更加简洁、直观。

（6）设置每块扇形的填充效果

默认情况下，饼图的每块扇形颜色都是自动设置的，这种自动配色在大部分情况下都不太协调，需要手工仔细地对每块扇形颜色进行设置。

子任务 2　使用 ECharts 绘制饼图※

饼图主要用于表现不同类目的数据在总和中的占比。每个的弧度表示数据数量的比例。ECharts 中饼图的配置与折线图、柱状图的配置略有不同，不再需要配置坐标轴，而是把数据名称和值都写在系列中。ECharts 中，基础饼图、圆环图、南丁格尔图（玫瑰图）都属于饼图。ECharts 饼图是将 series 的 type 参数值设置为 pie。

微课：使用 ECharts 绘制基础饼图

1. 基础饼图

下面将 2020 年人口受教育情况制作成基础饼图，具体代码如下：

```
option = {
          title: {
```

```
            text: '2020 年人口受教育情况',
            left:'center',
            top:'20px'
        },
        tooltip: {},
        series: [{
            name: '教育情况',
            type: 'pie',//设置图表类型为饼图
            radius :'50%',//饼图的半径
            data: [ //数据数组,name 为数据项名称,value 为数据项值
                {value:213005258,name:'高中(含中专)'},
                {value:218360767,name:'大专及以上'},
                {value:349658828,name:'小学'},
                {value:487163489,name:'初中'}
            ],
            label:{ //饼图图形上的文本标签,可用于说明图形的一些数据信息
                position:'outside',//标签的位置
                formatter:'{b},{c},{d}%'//标签内容格式器
            }
        }]
    };
```

上述代码中，value 不需要是百分比数据，ECharts 会根据所有数据的 value，按比例分配它们在饼图中对应的弧度。饼图的半径可以通过 series. radius 设置，可以是诸如'60%'这样相对的百分比字符串，或是 200 这样的绝对像素数值。当它是百分比字符串时，它是相对于容器宽、高中较小的一条边的。也就是说，如果宽度大于高度，则百分比是相对于高度的，反之则反；当它是数值型时，它表示绝对的像素大小。

以上配置生成的基础饼图如图 6－5 所示。

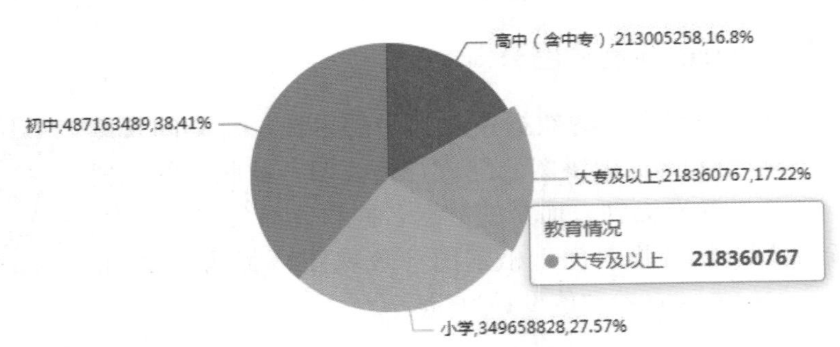

图 6－5　ECharts 绘制基础饼图

小提示

格式器（formatter）

支持字符串模板和回调函数两种形式。字符串模板与回调函数返回的字符串均支持用 \n 换行。

字符串模板变量有：

{a}：系列名。

{b}：数据名。

{c}：数据值。

{d}：百分比。

{@xxx}：数据中名为 xxx 的维度的值。如 {@product} 表示名为 product 的维度的值。

{@[n]}：数据中维度 n 的值。如{@[3]}表示维度 3 的值，从 0 开始计数。

回调函数格式：

(params:Object|Array) => string

参数 params 是格式器需要的单个数据集。

2. 圆环图

圆环图同样可以用来表示数据占总体的比例，相比于饼图，它中间空余的部分可以用来显示一些额外的文字等信息，因而也是一种常用的饼图类型。

在 ECharts 中，饼图的半径还可以是一个包含两个元素的数组，每个元素可以为数值或字符串。当它是一个数组时，它的前一项表示内半径，后一项表示外半径，这样就形成了一个圆环图。

微课：使用 ECharts 绘制圆环图

将 2020 年人口受教育情况制作成圆环图，圆环图中间高亮显示对应扇形标签文本。series 配置代码如下：

```
series:[{
          name: '教育情况',
          type: 'pie',
          radius: ['40%', '70%'],
          data: [
              {value:213005258,name:'高中(含中专)'},
              {value:218360767,name:'大专及以上'},
              {value:349658828,name:'小学'},
              {value:487163489,name:'初中'}
              ],
          label: {//标签的视觉引导线配置
              show: false,
              position: 'center',
              formatter: '{b},{c},{d}%'
          },
          labelLine: {
              show: false
          },
          emphasis: {//设置高亮状态的扇区和标签样式
```

```
                label: {
                show: true,
                fontSize: '20',
                fontWeight: 'bold'
                }
            }
    }]
```

emphasis 用来设置高亮状态的扇区和标签样式；labelLine 为标签的视觉引导线配置。以上配置生成的圆环图如图 6 -6 所示。

图 6 -6　ECharts 绘制的圆环图

微课：使用 ECharts 绘制玫瑰图

3. 南丁格尔图（玫瑰图）

南丁格尔图又称玫瑰图，通常用弧度相同但半径不同的扇形表示各个类目。

ECharts 可以通过将基础饼图的 series. roseType 值设为 area 来实现南丁格尔图，其他配置项和基础饼图是相同的。

将 2020 年人口受教育情况制作成南丁格尔图。series 配置代码如下：

```
series: [{
            name: '教育情况',
            type: 'pie',
            radius:'50%',
            data: [
                    {value:213005258,name:'高中(含中专)'},
                    {value:218360767,name:'大专及以上'},
                    {value:349658828,name:'小学'},
                    {value:487163489,name:'初中'}
            ],
            label:{
                position:'outside',
                formatter: '{b},{c},{d}%'
            },
            roseType: 'area'
      }]
```

以上配置生成的南丁格尔图如图6－7所示。

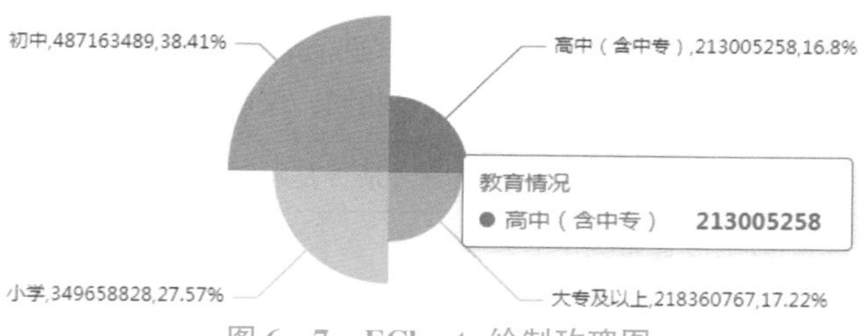

图6－7　ECharts绘制玫瑰图

子任务3　使用pyecharts绘制饼图★

微课：使用pyecharts绘制饼图

在pyecharts库中，可使用Pie类绘制饼图。

1. Pie类

Pie类的基本使用格式如下：

```
    class Pie(init_opts = opts.InitOpts())
    .add(series_name, data_pair, color = None, radius = None, center = None, rosetype = None, is_clockwise = True, label_opts = opts.LabelOpts(), tooltip_opts = None, item-style_opts = None,encode = None)
    .set_series_opts()
    .set_global_opts()
```

Pie类的常用参数及其说明见表6－2。

表6－2　Pie类的常用参数及其说明

参数名称	说明
init_opts = opts. InitOpts( )	表示设置初始配置项
add( )	表示添加数据
series_name	接收str，表示系列名称，用于tooltip的显示、legend的图例筛选。无默认值
data_pair	接收types. Sequence序列，表示系列数据项，格式为[(key1, value1), (key2, value2)]。无默认值
color	接收str，表示系列label颜色。默认为None
radius	接收Sequence，表示饼图的半径，数组的第一项是内半径，第二项是外半径。默认为None
center	接收Sequence，表示饼图的中心（圆心）坐标，数组的第一项是横坐标，第二项是纵坐标。默认设置成百分比。当设置成百分比时，第一项是相对于容器宽度，第二项是相对于容器高度。默认为None

续表

参数名称	说明
rosetype	接收 str，表示是否展示成南丁格尔图，通过半径区分数据大小，有 radius 和 area 两种模式。radius 表示扇区圆心角展现数据的百分比，半径展现数据的大小，area 表示所有扇区圆心角相同，仅通过半径展现数据大小。默认为 None
is_clockwise	接收 bool，表示饼图的扇区是否是顺时针排布。默认值是 True
set_series_opts( )	表示设置系列配置项
set_global_opts( )	表示设置全局配置项

2. 绘制饼图

pyecharts 绘制 2020 年人口受教育情况基础饼图的代码为：

```
import pandas as pd
from pyecharts import options as opts
from pyecharts.charts import Pie
data = pd.read_excel('data/2020 年人口受教育情况 .xlsx')
pie = (Pie()
        .add( '教育情况', [list(z) for z in zip(data['受教育程度'].tolist(),data['人口'].tolist())],radius = '50%')
        .set_global_opts(title_opts = opts.TitleOpts(title = '2020 年人口受教育情况',pos_left = 'center',pos_top = '50 '),legend_opts = opts.LegendOpts(is_show = False))
        .set_series_opts(label_opts = opts.LabelOpts(formatter = '{b}:{c}({d}%)'))
  )
pie.render_notebook()
```

绘制的图形如图 6－8 所示。

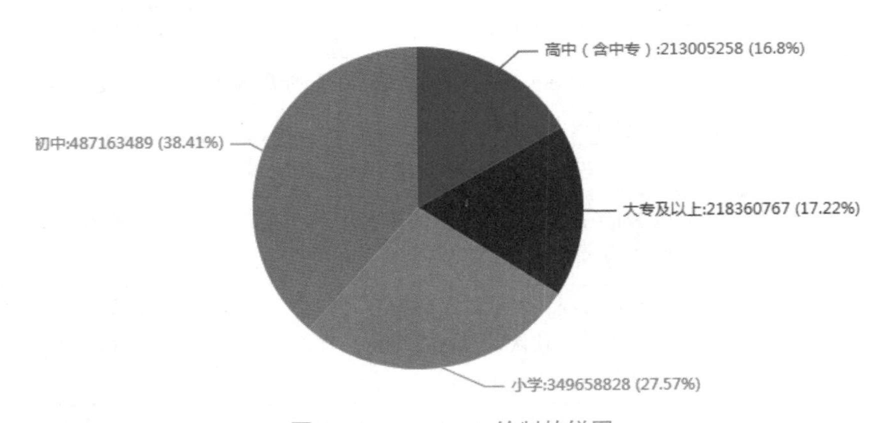

图 6－8　pyecharts 绘制的饼图

在 add 函数中增加 radius 参数来绘制环形图，在 add 函数中设置 rosetype 参数即可完成玫瑰图的绘制。

圆环图的关键代码为：

```
add( '教育情况', [list(z) for z in zip(data['受教育程度'].tolist(),data['人口'].tolist())],radius=['30%','60%'])
```

玫瑰图的关键代码为：

```
add('教育情况',[list(z) for z in zip(data['受教育程度'].tolist(),data['人口'].tolist())],radius=['30%','60%'],rosetype='area')
```

绘制的图形如图 6－9 和图 6－10 所示。

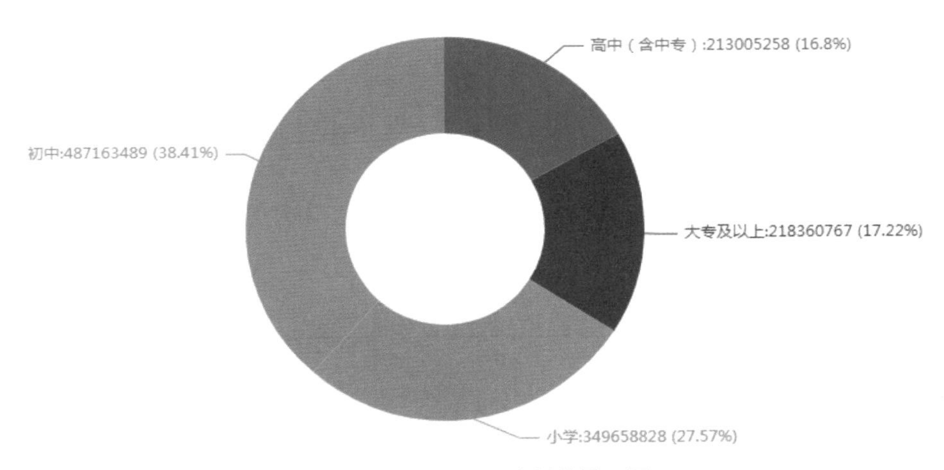

图 6－9　pyecharts 绘制的圆环图

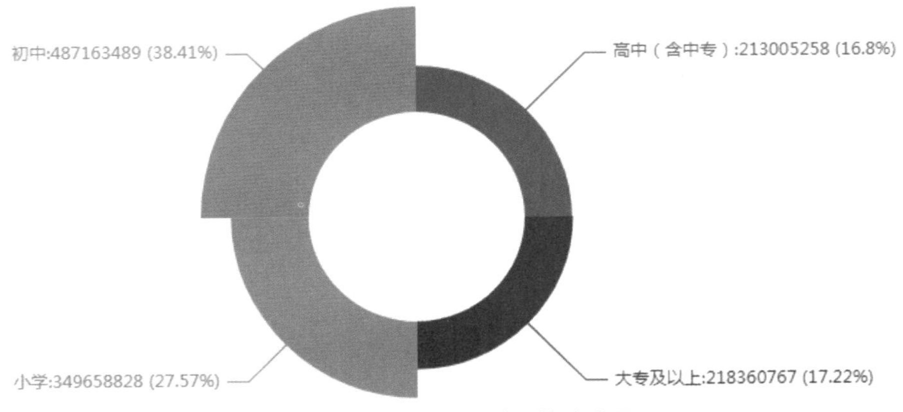

图 6－10　pyecharts 绘制的玫瑰图

同步实训

绘制各二级学院单独招生录取人数饼图

1. 实训目的

掌握使用 WPS 表格、ECharts、pyecharts 绘制饼图的方法。

2. 实训内容及步骤

①将表 6－3 中的数据使用 WPS 表格绘制饼图。

②将表 6－3 中的数据使用 pyecharts 绘制圆环图。

③将表 6－3 中的数据使用 ECharts 绘制南丁格尔图。

表 6－3　各二级学院单独招生录取人数

二级学院名称	录取人数
智能制造学院	217
生物医药学院	328
人工智能学院	107
经济管理学院	122
艺术设计学院	66

任务小结

饼图适合进行简单的占比分析，在不要求数据精细对比的情况下使用。它可以明确显示一定范围、概念内各种因子的占比情况，方便、直观地表现局部和整体的关系。

ECharts 中饼图的配置和折线图、柱状图的配置略有不同，不再需要配置坐标轴，而是把数据名称和值都写在系列中。ECharts 中基础饼图、圆环图、南丁格尔图（玫瑰图）都属于饼图。ECharts 饼图将 series 的 type 参数值设置为 pie。

在 pyecharts 库中，可使用 Pie 类绘制饼图。

任务 2　绘制雷达图

问题引入 ▶

某企业制作的关于两名实习员工的能力值打分表见表 6－4，那么如何更全面地分析在多种因素作用下两位员工对岗位的胜任能力呢？

表 6－4　实习生能力表

能力	王强	张丽
自信心	86	65
个人愿景	56	91
学习力	79	48
适应性	52	85
灵活性	61	92
问题解决能力	95	88
交往能力	84	98
责任心	63	79

【素养小提示】

新时代青年要爱国、励志、求真、力行

解决方法

微视频：《百年乐章中的青春交响》

一般来说，任何结果都应该是在多种因素作用下产生的。对于因素分析类数据，判断在造成某个结果的多种因素中哪一个因素更加突出、起到主要作用时，可以采用雷达图来表现。

任务实施

雷达图又称为戴布拉图或蜘蛛网图，常用于对多维数据（四维以上）进行数值上的对比及整体情况的全面分析。雷达图的表现形式是，每个维度上的数据都有独立的坐标轴，这些坐标轴从同一中心点向外辐射，形似雷达，再由折线将同一系列中的值连接起来。

子任务 1　使用 WPS 表格绘制雷达图

微课：使用 WPS 表格绘制雷达图

利用雷达图可以进行企业财务分析、企业收益性分析、人才能力分析、业绩度量和智能市场定位等。WPS 表格中提供了 3 种雷达图：雷达图、带数据标记的雷达图、填充雷达图。

雷达图将所有数据项目集中显示在一个圆形图表上，以便对数据进行对比及整体情况的分析。在雷达图中，既可以查看某个维度上数据整体发展的均衡情况，也可以对比多个维度数据整体的优劣势。这是一种展示效果不错的数据表达方式，在展示整体综合信息方面很直观。

绘制雷达图很简单：选择数据区域，插入雷达图，如图 6－11 所示。

插入后，就会自动得到图 6－12 所示的图表。为雷达图添加图表标题、设置图例后，最终如图 6－13 所示。

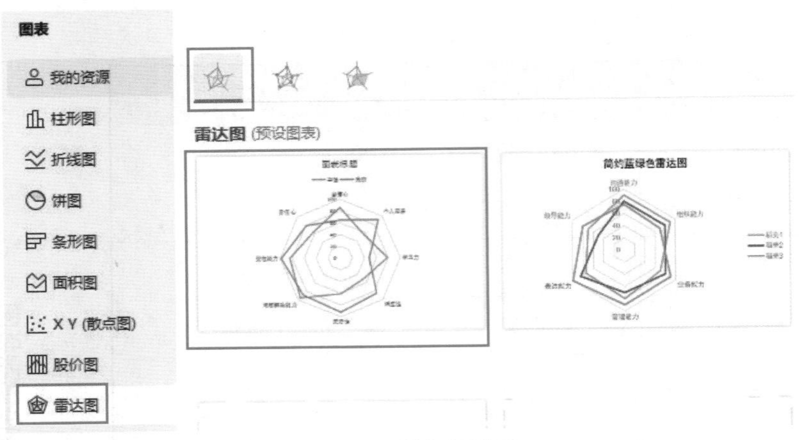

图 6－11　插入雷达图

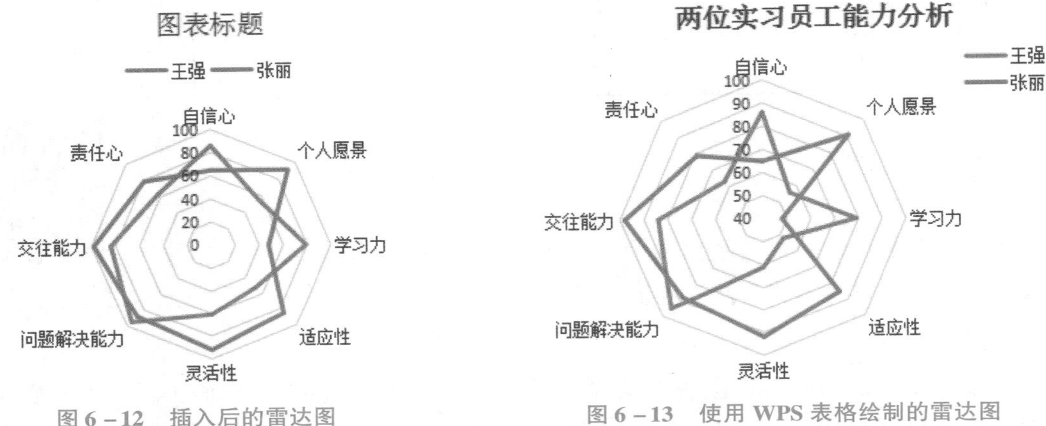

图 6－12　插入后的雷达图

图 6－13　使用 WPS 表格绘制的雷达图

在员工能力分析雷达图中，每位员工的各项能力联合起来形成一个不规则的闭环图。在图 6－13 中，张丽的轮廓范围比王强的大，可以判断张丽的综合能力素质更高；通过对比某一轮廓点向外扩张的程度，可以判断项目数值的高低。

小提示

制作雷达图的注意事项

①用于制作雷达图每个维度上的数据都必须是可以排序的。

②雷达图有一个局限，就是数据点最好 6 个以下，否则，辨别起来有困难。

子任务 2　使用 ECharts 绘制雷达图

微课：使用 ECharts 绘制雷达图

在 ECharts 中绘制雷达图时，需要先将 series 中的 type 参数值设置为 radar。

下面将两位实习员工对岗位的胜任能力制作成雷达图，具体代码如下：

```
option = {
        title: {
```

```
            text: '两位实习员工能力分析'
        },
        tooltip: {},
        legend: {
            data:['王强','张丽'],
            top:'bottom',
              },
       radar:{//雷达图坐标系组件,只适用于雷达图
              axisName:{//雷达图每个指示器名称的配置项
                     color:'#999',
                     fontSize:14
            },
            indicator:[//雷达图的指示器,用来指定雷达图中的多个变量(维度)
                { name: '自信心' },
                { name: '个人愿景' },
                { name: '学习力'},
                { name: '适应性'},
                { name: '灵活性'},
                { name: '问题解决能力' },
                { name: '交往能力' },
                { name: '责任心' }
                ]
            },
       series: [{
           type: 'radar',
           data: [
               {
                    value: [86,56,79,52,61,95,84,63],
                    name: '王强',
                    areaStyle: {//单项区域填充样式
                         color: 'rgba(255, 228, 52, 0.6)'
                         }
               },
               {
                    value: [65,91,48,85,92,88,98,79],
                    name: '张丽'
               }]}]
               };
```

radar 为雷达图坐标系组件，只适用于雷达图。雷达图坐标系与极坐标系不同的是，它的每一个轴（indicator（指示器））都是一个单独的维度，可以通过 axisName、axisLine、axisTick、axisLabel、splitLine、splitArea 几个配置项来配置指示器坐标轴的样式。

以上配置生成的雷达图如图 6－14 所示。

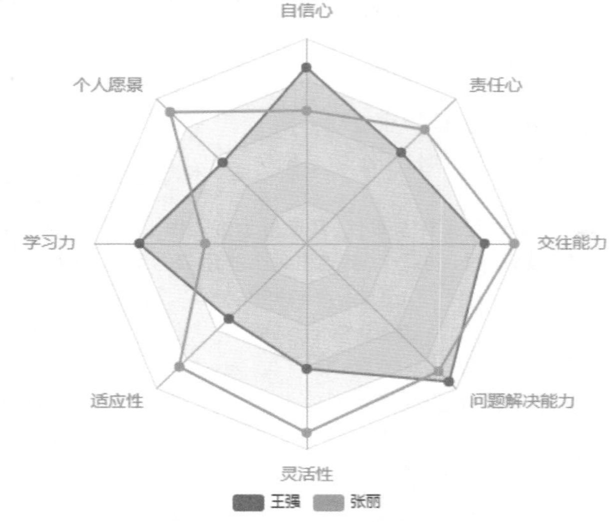

图 6 - 14 ECharts 绘制雷达图

子任务 3 使用 pyecharts 绘制雷达图

微课：使用 pyecharts 绘制雷达图

在 pyecharts 库中，可使用 Radar 类绘制雷达图。

1. Radar 类

Radar 类的基本使用格式如下：

```
class Radar(init_opts = opts.InitOpts())
.add_schema(schema, shape = None, center = None, textstyle_opts = opts.TextStyleOpts(), splitline_opt = opts.SplitLineOpts(is_show = True), splitarea_opt = opts.SplitAreaOpts(), axisline_opt = opts.AxisLineOpts(), radiusaxis_opts = None, angleaxis_opts = None, polar_opts = None)
.add(series_name, data, is_selected = True, symbol = None, color = None, label_opts = opts.LabelOpts(), linestyle_opts = opts.LineStyleOpts(), areastyle_opts = opts.AreaStyleOpts(), tooltip_opts = None)
.set_series_opts()
.set_global_opts()
```

Radar 类的常用参数及其说明见表 6 - 5。

表 6 - 5 Radar 类的常用参数及其说明

参数名称	说明
init_opts = opts.InitOpts()	表示设置初始配置项
schema	雷达指示器配置项列表，参考 RadarIndicatorItem
shape	雷达图绘制类型，可选 polygon 和 circle

续表

参数名称	说明
center	雷达的中心（圆心）坐标，数组的第一项是横坐标，第二项是纵坐标。支持设置成百分比，设置成百分比时，第一项是相对于容器宽度，第二项是相对于容器高度
textstyle_opts	文字样式配置项
splitline_opt	分割线配置项
splitarea_opt	分隔区域配置项
axisline_opt	坐标轴轴线配置项
radiusaxis_opts	极坐标系的径向轴
angleaxis_opts	极坐标系的角度轴
polar_opts	极坐标系配置
add()	表示添加数据
symbol	标记类型，有 circle、rect、roundRect、triangle、diamond、pin、arrow、none
set_series_opts()	表示设置系列配置项
set_global_opts()	表示设置全局配置项

雷达图的指示器（RadarIndicatorItem）配置见表 6－6。

表 6－6 RadarIndicatorItem 类配置

属性	说明
name	指示器名称
min_	指示器的最小值，可选，建议设置
max_	指示器的最大值，可选，默认为 0
color	标签特定的颜色

2. 绘制雷达图

pyecharts 绘制雷达图的代码为：

```
from pyecharts import options as opts
from pyecharts.charts import Radar
radar = (Radar()
```

```
        .add_schema(schema=[
            opts.RadarIndicatorItem(name='自信心'),
            opts.RadarIndicatorItem(name='个人愿景'),
            opts.RadarIndicatorItem(name='学习力'),
            opts.RadarIndicatorItem(name='适应性'),
            opts.RadarIndicatorItem(name='灵活性'),
            opts.RadarIndicatorItem(name='问题解决能力'),
            opts.RadarIndicatorItem(name='交往能力'),
            opts.RadarIndicatorItem(name='责任心')
        ],textstyle_opts=opts.TextStyleOpts(color='black',font_size=14))
        .add('王强',[[86,56,79,52,61,95,84,63]],
    areastyle_opts = opts.AreaStyleOpts(opacity = 0.6,color = 'rgb(255,228,52)'),
linestyle_opts=opts.LineStyleOpts(color='red'))
        .add('张丽',[[65,91,48,85,92,88,98,79]],linestyle_opts =
opts.LineStyleOpts(color='blue'))
        .set_global_opts(title_opts=opts.TitleOpts(title='两位实习员工能力分
析',pos_left='center'),legend_opts=opts.LegendOpts(is_show=True,pos_top='bot-
tom'))
        .set_series_opts()
    )
    radar.render_notebook()
```

绘制的图形如图 6－15 所示。

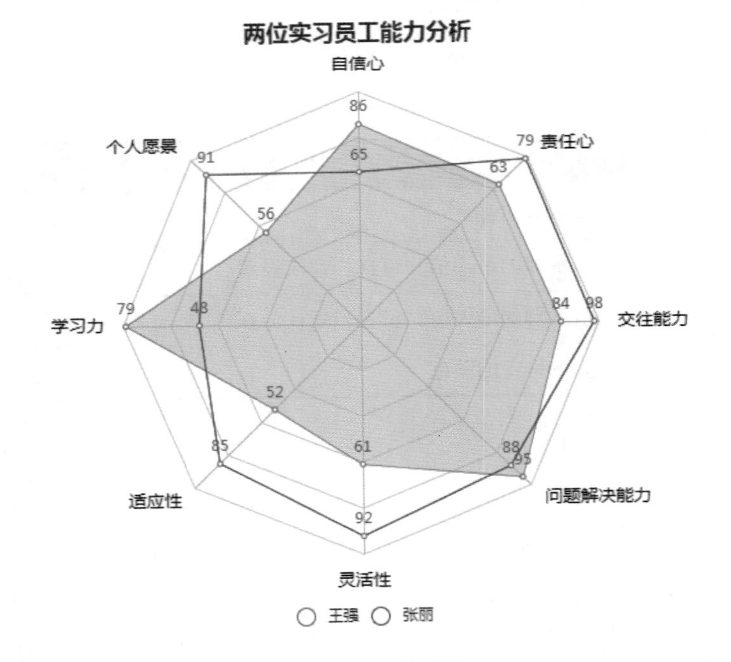

图 6－15　pyecharts 绘制的雷达图

同步实训

绘制S快递公司各项指标与行业平均值雷达图

1. 实训目的

掌握使用WPS表格、ECharts、pyecharts绘制雷达图的方法。

2. 实训内容及步骤

①将表6-7中的数据使用WPS表格绘制雷达图。

②将表6-7中的数据使用pyecharts绘制雷达图。

③将表6-7中的数据使用ECharts绘制雷达图。

表6-7 S快递公司各项指标与行业平均值

指标	分值	行业平均
品牌口碑	82	43
派件服务	63	79
物流时效	81	66
包裹追踪	75	59
用户评价	44	60

任务小结

雷达图又称为戴布拉图或蜘蛛网图，常用于对多维数据（四维以上）进行数值上的对比及整体情况的全面分析。雷达图的表现形式是，每个维度上的数据都有独立的坐标轴，这些坐标轴从同一中心点向外辐射，形似雷达，再由折线将同一系列中的值连接起来。在雷达图中，既可以查看某个维度上数据整体发展的均衡情况，也可以对比多个维度数据整体的优劣势。

在ECharts中，绘制雷达图时，需要将series中的type参数值设置为radar。使用indicator指示器配置雷达图坐标系。

在pyecharts库中，可使用Radar类绘制雷达图。

习　题

一、选择题

1. 如果要进行简单的占比分析，在不要求数据精细对比的情况下，就要选择（　　）。

A. 散点图　　B. 柱形图　　C. 折线图　　D. 饼图

2. 在ECharts中绘制玫瑰图时，需要将series中的type参数值设置为（　　）。

A. pie　　B. scatter　　C. bar　　D. rose

3. 饼图属于（　　）。

A. 项目对比可视化图　　B. 时间趋势可视化图

C. 数据关系可视化图　　D. 成分比例可视化图

4. 在 ECharts 中，南丁格尔图中的 roseType 的值可以是（　　）。（多选题）

A. area　　B. roundRect　　C. radius　　D. diamond

5. 在 ECharts 中，（　　）是雷达图坐标系组件。

A. area　　B. radar　　C. indicator　　D. schema

6. 在 pyecharts 中，使用（　　）为雷达图添加数据。

A. add_schema　　B. add　　C. add_xaxis　　D. add_yaxis

二、操作题

依据表 6－8 数据绘制饼图，使用 WPS 表格、ECharts、pyecharts 绘制。

表 6－8　影响健康、寿命的各类因素

因素	占比
生活方式	60%
遗传因素	15%
社会因素	10%
医疗条件	8%
气候环境	7%

项目 6 习题及答案

模块 3

数据可视化进阶

模块概述

通过前面模块的学习，相信大家已经能绘制常用的可视化图形。为了使图表更具表现力，本模块将带领大家学习可视化进阶技能，绘制组合图及仪表盘，绘制关系图及词云图。

内容构成

模块3 数据可视化进阶
- 项目7 组合图及仪表盘的制作
- 项目8 网络数据及文本数据可视化

项目7 组合图及仪表盘的制作

项目概述

在日常工作中，有时候单一的图表类型无法满足多维度的数据展示，这时候就要考虑使用组合图进行数据的可视化。在商业图表中，常使用仪表盘清晰地展现数据及其所在的指标值范围，本项目将介绍组合图及仪表盘的制作。

学习目标

知识目标	知道组合图及仪表盘的使用场合，掌握使用 WPS 表格、ECharts、pyecharts 绘制组合图及仪表盘的方法
能力目标	会制作组合图、仪表盘
素养目标	深入认识中国特色社会主义进入了新时代

工作任务

任务 1 绘制组合图
任务 2 绘制仪表盘

任务1 绘制组合图

问题引入

2022 年 8 月 31 日，中国互联网络信息中心（CNNIC）在京发布第 50 次《中国互联网络发展状况统计报告》。《中国互联网络发展状况统计报告》显示，截至 2022 年 6 月，我国网民规模为 10.51 亿，互联网普及率达 74.4%。可视化图表如图 7－1 所示。

【素养小提示】

解码新时代十年伟大变革

图7－1　2020. 6—2022. 6 网民规模和互联网普及率

那么如何绘制以上图形呢？

解决方法

图7－1是柱形图与折线图两种图形的组合，称为组合图。使用 WPS 表格、ECharts、pyecharts 可以绘制组合图。

任务实施

常见的组合图有折线图与柱形图组合、折线图与饼图组合等，图7－1就是折线图与柱形图组合。

子任务1　使用 WPS 表格绘制组合图

WPS 表格中提供了四种预设组合图：簇状柱形图－折线图、簇状柱形图－次坐标轴上的折线图、堆积面积图－簇状柱形图和自定义组合。WPS 表格绘制组合图可以选择自定义组合。方法为：选择数据区域，插入组合图，选择组合图，选择自定义组合。第50次《中国互联网络发展状况统计报告》中，网民规模选择簇状柱形图，互联网普及率选择折线图，并勾选次坐标轴，如图7－2所示。

微课：使用 WPS 表格绘制组合

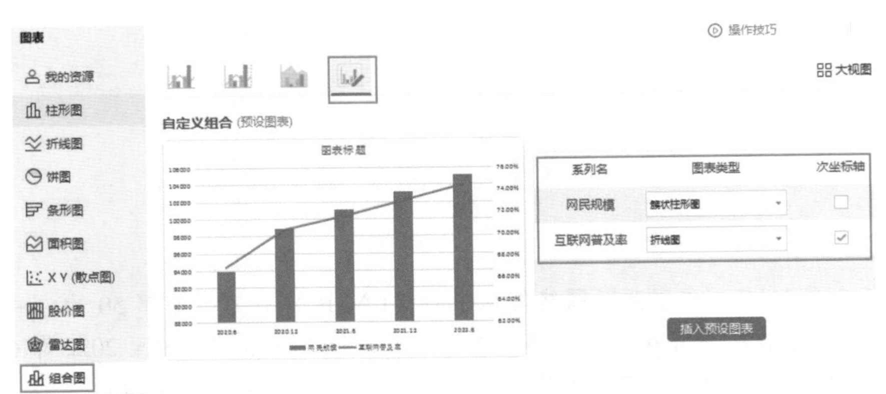

图7－2　插入自定义组合图

插入后的组合图如图7－3所示。设置标题、坐标轴、分类间距及数据标记后的组合图如图7－4所示。

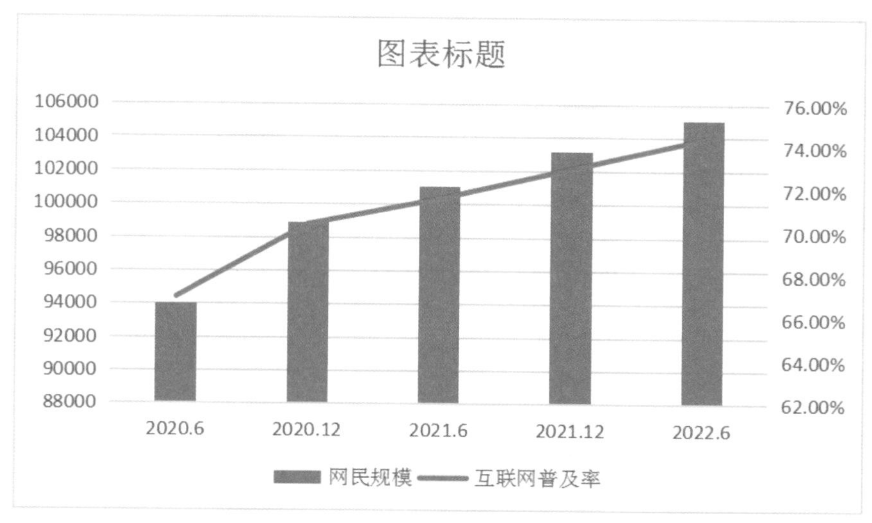

图7－3　未设置前的组合图

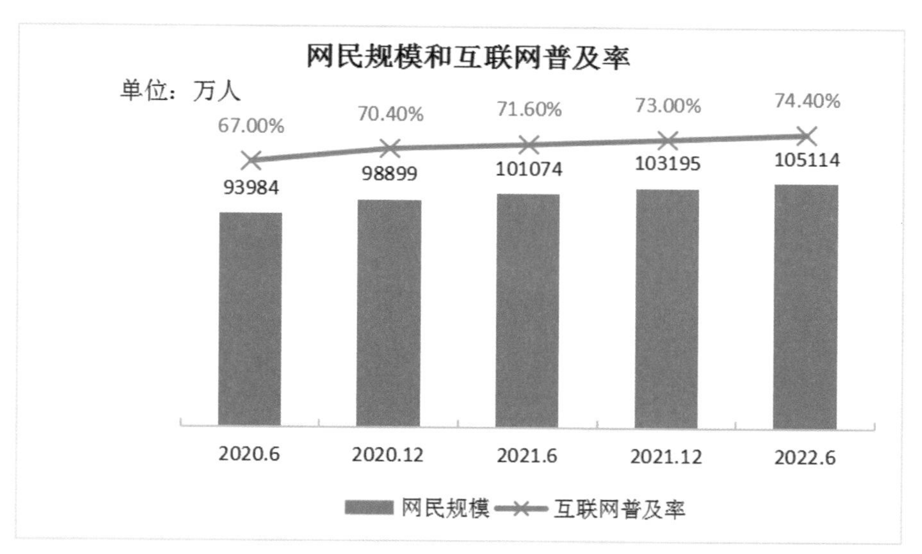

图7－4　最终的组合图

子任务2　使用ECharts绘制组合图

微课：使用ECharts绘制组合图

在ECharts中，绘制柱形－折线组合图时，需要设置yAxix数组、series数组，代码如下：

```
option = {
        title: {
            text: '网民规模和互联网普及率',
```

```
            textStyle:{//设置标题文本样式
                fontSize:20,
            },
            left:'center',
        },
        legend:{data:['网民规模','互联网普及率'],left:'center',top:'bottom'},
        tooltip:{trigger:'axis'},
        xAxis:{
            type:'category',
            data:['2020.6','2020.12','2021.6','2021.12','2022.6'],
            axisTick:{inside:true},//轴刻度
            splitLine:{show:false}
            },
        yAxis:[{
            type:'value',
            name:'单位:万人',
            splitLine:{show:false},
            nameLocation:'end',//坐标轴名称显示位置
            nameTextStyle:{fontSize:14},
            min:20000,//坐标轴刻度最小值
            max:130000,
            axisLabel:{show:false},
            axisLine:{show:false},//轴线
            axisTick:{show:false}//轴刻度
                },
            {type:'value',
            min:0,//坐标轴刻度最小值
            max:80,
            interval:20,
            splitLine:{show:false},
            axisLabel:{show:false},
           axisLine:{show:false},//轴线
           axisTick:{show:false}//轴刻度
           }],
        series:[{
           name:'网民规模',
           type:'bar',//柱形图
           barWidth:'60%',//柱条的宽度
           label:{//数据标签
                show:true,
                position:"top"},//标签的位置
           data:[93984,98899,101074,103195,105114]},
                {
           name:'互联网普及率',
```

```
                type: 'line',//柱形图
                yAxisIndex:1,
                label: {//数据标签
                     show: true,
                     position: "top",//标签的位置
                     color:'red',
                     formatter: '{c}%'
                },
                itemStyle:{ color:'red'},
                data: [67, 70.4, 71.6, 73, 74.4]
                     }]
        };
```

在 series 数组中，通过代码 yAxisIndex:1 指定使用第2个 y 轴（0代表第1个 y 轴，1代表第2个 y 轴）。

生成的组合图如图7-5所示。

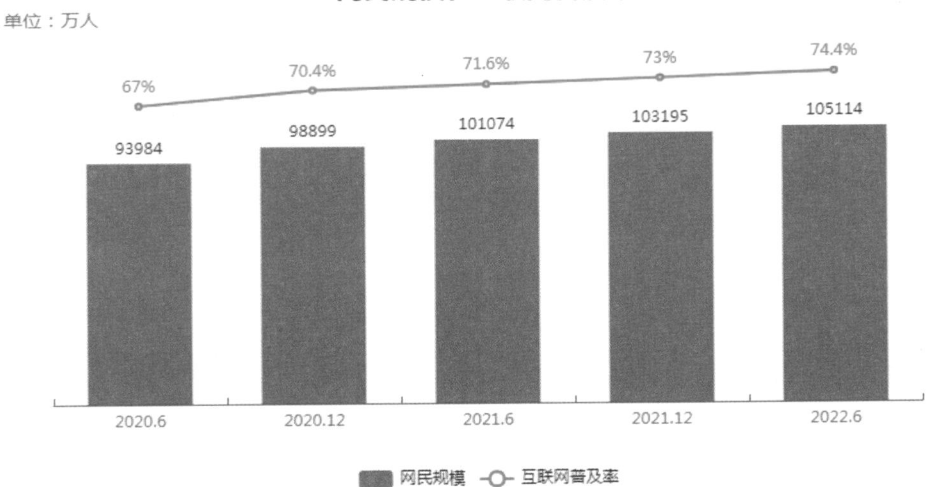

图7-5　使用 ECharts 绘制的组合图

子任务3　使用 pyecharts 绘制组合图

pyecharts 也支持绘制组合图表，即在同一画布显示的多个图表。多个图表按照不同的组合方式，可以分为并行多图、顺序多图、选项卡多图和时间轮播多图。

1. 绘制并行多图

微课：绘制并行多图

为了进行不同数据的比较，有时需要在同一个视图区域内同时绘制不同的图形，即绘制并行多图。在 pyecharts 库中，可使用 Grid 类绘制并行多图。Grid 类的基本使用格式如下。

```
class Grid(init_opts = opts.InitOpts())
.add(chart, grid_opts, grid_index = 0, is_control_axis_index = False)
```

Grid 类的常用参数及其说明见表 7 – 1。

表 7 – 1　Grid 类的常用参数及其说明

参数名称	说明
init_opts = opts. InitOpts( )	表示设置初始配置项
add( )	表示添加图形信息
chart	接收 char 对象，表示图表实例，仅 Chart 类或其子类。无默认值
grid_opts	接收 options. GridOpts、dict，表示直角坐标系网格配置项。无默认值
grid_index	接收 int，表示直角坐标系网格索引。默认为 0
is_control_axis_index	接收 bool，表示是否由自己控制 Axis 索引。默认为 False

chart 参数主要用于显示的图形对象。为了显示正确，需要配置直角坐标系网格配置项。在 pyecharts 库中，可使用 GridOpts 类配置直角坐标系网格配置项。GridOpts 类的基本使用格式如下：

```
pyecharts.options.GridOpts(is_show = False, z_level = 0,z = 2,pos_left = None, pos_top = None, pos_right = None, pos_bottom = None, width = None, height = None, is_contain_label = False, background_color = 'transparent', border_color = '#ccc', border_width = 1, tooltip_opts = None)
```

GridOpts 类的常用参数及其说明见表 7 – 2。

表 7 – 2　GridOpts 类的常用参数及其说明

参数名称	说明
is_show	接收 bool，表示是否显示直角坐标系网格。默认为 False
pos_left	接收 str、numeric，表示 grid 组件离容器左侧的距离。默认为 None
pos_top	接收 str、numeric，表示 grid 组件离容器上侧的距离。默认为 None
pos_right	接收 str、numeric，表示 grid 组件离容器右侧的距离。默认为 None
pos_bottom	接收 str、numeric，表示 grid 组件离容器下侧的距离。默认为 None
width	接收 str、numeric，表示 grid 组件的宽度。默认为 None
height	接收 str、numeric，表示 grid 组件的高度。默认为 None
is_contain_label	接收 bool，表示 grid 区域是否包含坐标轴的刻度标签。默认是 False
background_color	接收 str，表示网格背景色。默认为 transparent
border_color	接收 str，表示网格的边框颜色。默认为#ccc
border_width	接收 numeric，表示网格的边框线宽。默认为 1

通常并行多图有左右布局和上下布局两种方式。基于网民规模和互联网普及率数据，采取左右布局的方式绘制柱形图和折线图。

pyecharts 绘制网民规模和互联网普及率并行多图的代码为：

```
from pyecharts import options as opts
from pyecharts.charts import Grid, Line, Bar
bar = (
    Bar()
    .add_xaxis(['2020.6', '2020.12', '2021.6', '2021.12', '2022.6']) #添加 x 轴数据项
    .add_yaxis( '网民规模',[93984, 98899, 101074, 103195, 105114],bar_width = '60%')
    #设置全局配置项(标题配置、图例配置、y 轴配置)
    .set_global_opts(title_opts = opts.TitleOpts(title = '网民规模',pos_left = '25%'),
                    legend_opts = opts.LegendOpts(is_show = False),#不显示图例
                    yaxis_opts = opts.AxisOpts(
                        name = '网民规模',#轴标题名称
                        name_gap = 60,#轴标题与轴的距离
                        name_location = 'middle',#轴标题的位置
                        name_rotate = -90)) #轴标题旋转度数
    #设置系列配置项(标签颜色及大小、柱形图颜色)
    .set_series_opts(label_opts = opts.LabelOpts(color = '#000',font_size = 14),
                    itemstyle_opts = opts.ItemStyleOpts(color = '#4f81bd'))
)
line = (
    Line()
    .add_xaxis(['2020.6', '2020.12', '2021.6', '2021.12', '2022.6']) #添加 x 轴数据项
    .add_yaxis('互联网普及率', [0.67, 0.704, 0.716, 0.73, 0.744])
    .set_global_opts(title_opts = opts.TitleOpts(title = '互联网普及率',pos_
left = '75%'), legend_opts = opts.LegendOpts(is_show = False),#不显示图例
                    yaxis_opts = opts.AxisOpts(
                        name = '占比',#轴标题名称
                        name_gap = 30,#轴标题与轴的距离
                        name_location = 'middle',#轴标题的位置
                        name_rotate = -90)) #轴标题旋转度数
    .set_series_opts(label_opts = opts.LabelOpts(color = '#000',font_size = 14))
)
#创建组合图表,并以左右布局的方式显示柱形图和折线图
grid = (
     Grid(init_opts = opts.InitOpts(width = '950px',height = '400px'))
    .add(bar,grid_opts = opts.GridOpts(pos_right = '55%'))
    .add(line,grid_opts = opts.GridOpts(pos_left = '55%'))
)
grid.render_notebook()
```

绘制的图形如图 7 –6 所示。

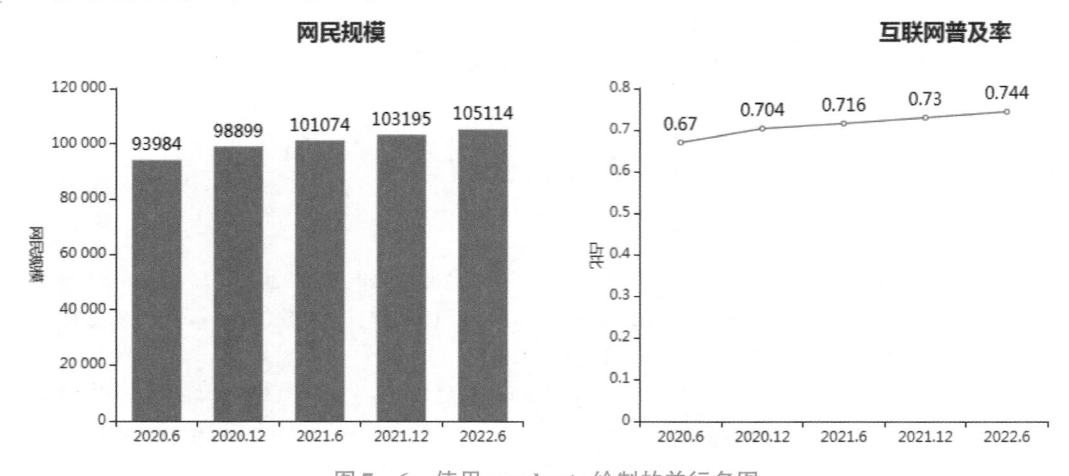

图 7 –6 使用 pyecharts 绘制的并行多图

还可以设置 pos_top 和 pos_bottom 参数，采取上下布局的方式绘制图形。

2. 绘制顺序多图

微课：绘制顺序多图

对相关数据源根据不同的目的进行不同的数据可视化，并进一步将所有图片集中到一个页面，即可对不同的情况同时进行交互展示。在 pyecharts 库中，可使用 Page 类绘制顺序多图。Page 类的基本使用格式如下：

```
class Page(page_title = 'Awesome - pyecharts', js_host = '',interval = 1, layout = PageLayoutOpts())
    .add( * charts)
```

Page 类的常用参数及其说明见表 7 –3。

表 7 –3 Page 类的常用参数及其说明

参数名称	说明
page_title	接收 str，表示 HTML 标题。默认为 Awesome – pyecharts
interval	接收 int，表示每个图例之间的间隔。默认为 1
layout	接收 PageLayoutOpts，表示布局配置项
charts	接收 charts 对象，表示任意图表实例。无默认值

PageLayoutOpts 用于配置原生 CSS 样式。pyecharts 内置了 DraggablePageLayout 布局，可以通过拖放的方式设置布局。同时，提供了 save_resize_html( ) 方法用于保存通过拖拉设置布局的页面。save_resize_html( ) 方法的基本使用格式如下：

```
Page.save_resize_html(source = 'render.html', cfg_ file = None, cfg_ dict = None, dest = 'resize_ render.html')
```

save_resize_html( )方法的常用参数及其说明见表 7－4。

表 7－4　save_resize_html( )方法的常用参数及其说明

参数名称	说明
source	接收 str，表示 Page 第一次渲染后的 html 文件。默认为 render. html
cfg_file	接收 str，表示布局配置文件的路径。无默认值
dest	接收 str，表示重新生成的 . html 文件的存放路径以及文件名。默认为 resize_render. html

pyecharts 绘制网民规模和互联网普及率顺序多图的代码为：

```
from pyecharts import options as opts
from pyecharts.charts import Grid, Line, Page
bar = (
      Bar(init_opts = opts.InitOpts(width = '600px',height = '300px'))
      .add_xaxis(['2020.6', '2020.12', '2021.6', '2021.12', '2022.6']) #添加 x 轴数据项
      .add_yaxis( '网民规模',[93984, 98899, 101074, 103195, 105114],bar_width = '60%')
      #设置全局配置项(标题配置、图例配置、y 轴配置)
      .set_global_opts(title_opts = opts.TitleOpts(title = '网民规模',pos_left = 'cen-
ter'),
                          legend_opts = opts.LegendOpts(is_show = False),#不显示图例
                          yaxis_opts = opts.AxisOpts(
                                 min_ = 50000,
                                 name = '网民规模',#轴标题名称
                                 name_gap = 60,#轴标题与轴的距离
                                 name_location = 'middle',#轴标题的位置
                                 name_rotate = -90)) #轴标题旋转度数
      #设置系列配置项(标签颜色及大小、柱形图颜色)
      .set_series_opts(label_opts = opts.LabelOpts(color = '#000',font_size =14),
                          itemstyle_opts = opts.ItemStyleOpts(color = '#4f81bd'))
)
line = (
      Line(init_opts = opts.InitOpts(width = '600px',height = '300px'))
      .add_xaxis(['2020.6', '2020.12', '2021.6', '2021.12', '2022.6']) #添加 x 轴数据项
      .add_yaxis('互联网普及率', [0.67, 0.704, 0.716, 0.73, 0.744])
      .set_global_opts(title_opts = opts.TitleOpts(title = '互联网普及率',pos_
left = 'center'),
                          legend_opts = opts.LegendOpts(is_show = False),#不显示图例
                          yaxis_opts = opts.AxisOpts(
                                 min_ = 0.5,
                                 name = '占比',#轴标题名称
                                 name_gap = 30,#轴标题与轴的距离
                                 name_location = 'middle',#轴标题的位置
                                 name_rotate = -90)) #轴标题旋转度数
      .set_series_opts(label_opts = opts.LabelOpts(color = '#000',font_size =14))
)
#创建组合图表,并在同一网页上按顺序显示
page = (
      Page(page_title = 'Page 绘制顺序多图',interval =2,layout = Page. DraggablePage-
Layout)
      .add(bar,line)
)
page.render()
```

绘制的图形如图 7－7 所示。

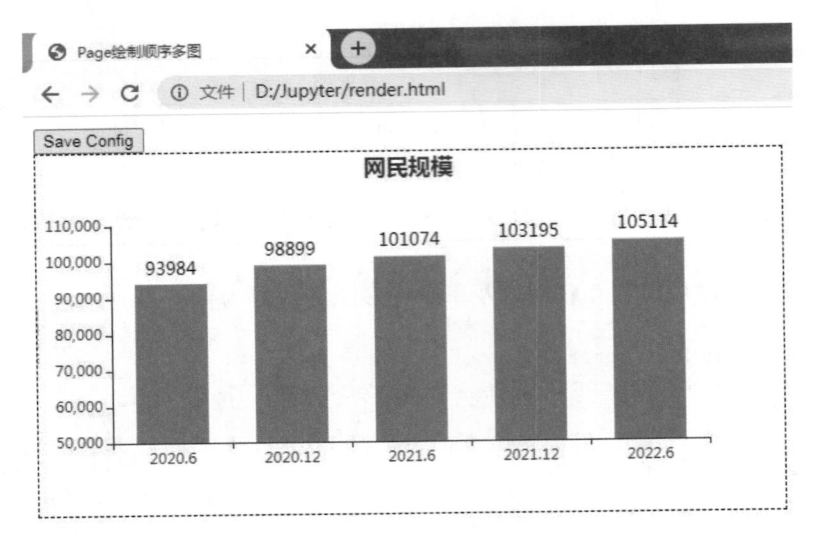

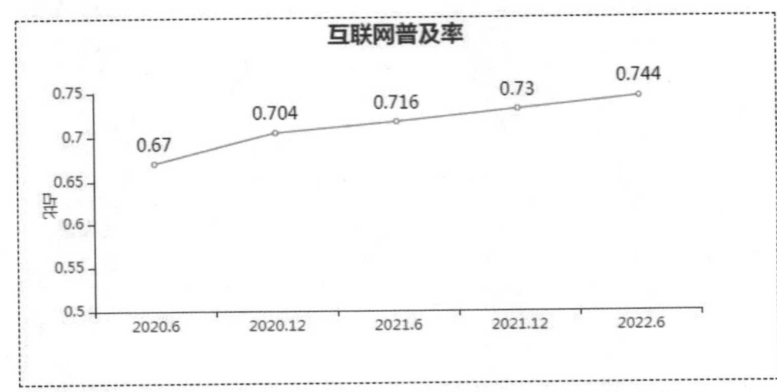

图 7－7　使用 pyecharts 绘制的顺序多图

3. 绘制选项卡多图

微课：绘制选项卡多图

pyecharts. charts 的 Tab 类表示以选项卡形式显示的组合图表，它可以通过单击不同的选项卡来切换显示多个图表。Tab 类的构造方法的语法格式如下所示：

```
Tab(page_title = "Awesome - pyecharts", js_host = "")
```

该方法的参数与 Page( )方法的参数相同。

Tab 类提供了一个 add( )方法，使用 add( )方法可以为组合图表添加图表。add( )方法的语法格式如下所示：

```
add(chart, tab_name)
```

以上方法的参数 chart 表示任意图表，tab_name 表示选项卡标签的名称。

pyecharts 绘制网民规模和互联网普及率选项卡多图的代码为：

```
from pyecharts import options as opts
from pyecharts.charts import Bar, Line, Tab
bar = (
     Bar()
    .add_xaxis(['2020.6', '2020.12', '2021.6', '2021.12', '2022.6']) #添加 x 轴数据项
    .add_yaxis( '网民规模',[93984, 98899, 101074, 103195, 105114],bar_width = '60%')
    #设置全局配置项(标题配置、图例配置、y 轴配置)
.set_global_opts(title_opts = opts.TitleOpts(title = '网民规模',pos_left = 'cen-
ter'),
              legend_opts = opts.LegendOpts(is_show = False),#不显示图例
                  yaxis_opts = opts.AxisOpts(
                       min_ = 50000,
                       name = '网民规模',#轴标题名称
                       name_gap = 60,#轴标题与轴的距离
                       name_location = 'middle',#轴标题的位置
                       name_rotate = -90)) #轴标题旋转度数
    #设置系列配置项(标签颜色及大小、柱形图颜色)
    .set_series_opts(label_opts = opts.LabelOpts(color = '#000',font_size = 14),
                       itemstyle_opts = opts.ItemStyleOpts(color = '#4f81bd'))
)
line = (
     Line()
    .add_xaxis(['2020.6', '2020.12', '2021.6', '2021.12', '2022.6']) #添加 x 轴数据项
    .add_yaxis('互联网普及率', [0.67, 0.704, 0.716, 0.73, 0.744])
.set_global_opts(title_opts = opts.TitleOpts(title = '互联网普及率',pos_left =
'center'),
           legend_opts = opts.LegendOpts(is_show = False),#不显示图例
              yaxis_opts = opts.AxisOpts(
                   min_ = 0.5,
                   name = '占比',#轴标题名称
                   name_gap = 30,#轴标题与轴的距离
                   name_location = 'middle',#轴标题的位置
                   name_rotate = -90)) #轴标题旋转度数
    .set_series_opts(label_opts = opts.LabelOpts(color = '#000',font_size = 14))
)
#创建组合图表,并在不同选择卡上显示
    tab = (
Tab()
    .add(bar,'柱形图')
    .add(line,'折线图')
)
tab.render_notebook()
```

绘制的图形如图 7 - 8 所示。

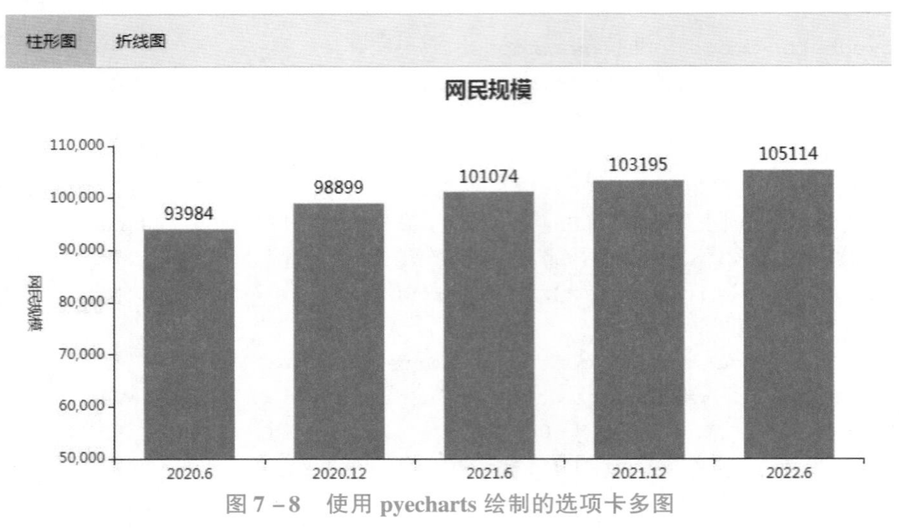

图 7 - 8　使用 pyecharts 绘制的选项卡多图

4. 绘制时间线轮播多图

当需要展示不同时间段、不同类别的数据时，如果同时在一个视图区域显示多个图形，将会显得较拥挤；如果在同一个页面显示多个图形，将会显得冗余。此时，可使用滚动重复的播放方式，展示所有需要显示的图形，即使用时间线轮播多图展示数据。

微课：绘制时间线轮播多图

在 pyecharts 库中，可使用 Timeline 类绘制时间线轮播多图。Timeline 类的基本使用格式如下：

```
class Timeline(init_opts = opts.InitOpts())
.add(chart, time_point)
.add_schema(axis_type = 'category', orient = 'horizontal', symbol = None, symbol_size = None, play_interval = None, control_position = 'left', is_auto_play = False, is_loop_play = True, is_rewind_play = False, is_timeline_show = True, is_inverse = False, pos_left = None, pos_right = None, pos_top = None, pos_bottom = ' - 5px', width = None, height = None, linestyle_opts = None, label_opts = None, itemstyle_opts = None, graphic_opts = None, checkpointstyle_opts = None, controlstyle_opts = None)
```

Timeline 类的常用参数及其说明见表 7 - 5。

表 7 - 5　Timeline 类的常用参数及其说明

参数名称	说明
init_opts = opts. InitOpts( )	表示设置初始配置项
chart	接收 chart 对象，表示图表实例。无默认值
time_point	接收 str，表示时间点。无默认值
add_schema( )	表示添加轮播方案

续表

参数名称	说明
axis_type	接收 str，表示坐标轴类型，可选 value、category、time、log。value 表示数值轴，适用于连续数据；category 表示类目轴，适用于离散的类目数据；time 表示时间轴，适用于连续的时序数据；log 表示对数轴，适用于对数数据。默认为 category
orient	接收 str，表示时间轴的类型，可选 horizontal、vertical。horizontal 表示水平，vertical 表示垂直。默认为 horizontal
symbol	接收 str，表示 timeline 标记的图形，可选的标记类型包括 circle、rect、roundrect、triangle、diamond、pin、arrow、None。默认为 None
symbol_size	接收 numeric，表示 timeline 标记的大小，可以设置成单一的数字，如 10；也可以用数组分开表示宽和高，例如，[20，10]表示标记宽为 20，高为 10。默认为 None
play_interval	接收 numeric，表示播放的速度（跳动的间隔），单位为毫秒（ms）。默认为 None
control_position	接收 str，表示播放按钮的位置。可选 left、right。默认为 left
is_auto_play	接收 bool，表示是否自动播放。默认为 False
is_loop_play	接收 bool，表示是否循环播放。默认为 True
is_rewind_play	接收 bool，表示是否反向播放。默认为 False
is_timeline_show	接收 bool，表示是否显示 timeline 组件，如果设置为 False，不会显示，但是功能还存在。默认为 True
is_inverse	接收 bool，表示是否反向放置 timeline，反向则首尾颠倒过来。默认为 False
pos_left	接收 str，表示 Timeline 组件离容器左侧的距离。默认为 None
pos_right	接收 str，表示 Timeline 组件离容器右侧的距离。默认为 None
pos_top	接收 str，表示 Timeline 组件离容器上侧的距离。默认为 None
pos_bottom	接收 str，表示 Timeline 组件离容器下侧的距离。默认为 None
width	接收 str，表示时间轴区域的宽度。默认为 None
height	接收 str，表示时间轴区域的高度。默认为 None

下面绘制一个由多个柱形图组成的带时间线的组合图表，代码如下：

```
# 导入 pyecharts 官方的测试数据
from pyecharts.faker import Faker
```

```
from pyecharts import options as opts
from pyecharts.charts import Bar, Timeline
# 随机获取一组测试数据
x = Faker.choose()
tl = Timeline()
for i in range(2015, 2020):
        bar = (
                Bar()
                .add_xaxis(x)
                # Faker.values() 生成一个包含 7 个随机整数的列表
                .add_yaxis("商家 A", Faker.values())
                .add_yaxis("商家 B", Faker.values())
                .set_global_opts(title_opts = opts.TitleOpts("时间线轮播柱形图示例"),
                                yaxis_opts = opts.AxisOpts(name = "销售额 (万)",
name_location = "center", name_gap = 30))
        )
        tl.add(bar, "{}年".format(i))
tl.add_schema(play_interval = 1000, is_auto_play = True)
tl.render_notebook()
```

运行程序，效果如图 7 –9 所示。

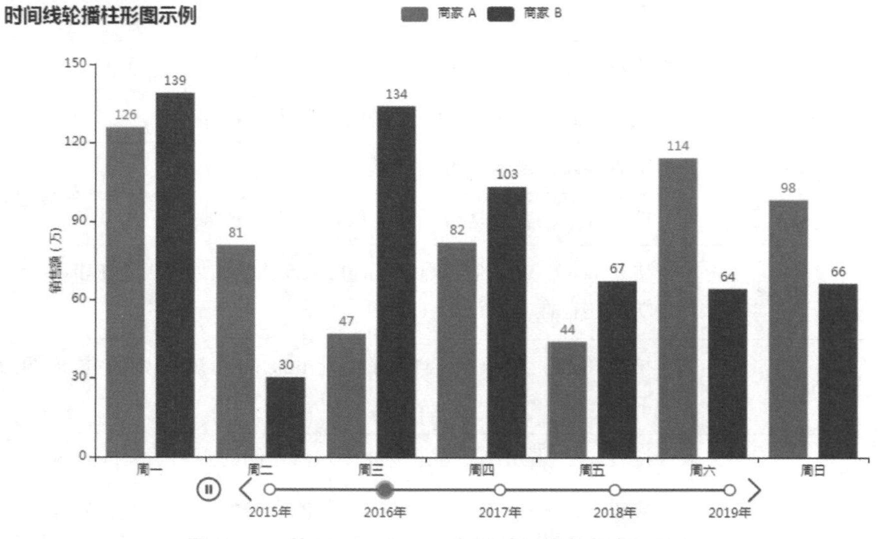

图 7 –9　使用 pyecharts 绘制时间线轮播柱形图

通过单击时间线左侧的“暂停”按钮，可以暂停自动播放；单击左右箭头，可以自由控制时间段对应图表的展示。

小提示

pyecharts. faker 包

pyecharts. faker 是一个由 pyecharts 官方提供的测试数据包，它包含一个 Faker 类，通过 Faker 对象访问属性来获取一些测试数据。Faker 对象常用属性有：

①Faker. clothes，对应的内容为["衬衫"，"毛衣"，"领带"，"裤子"，"风衣"，"高跟鞋"，"袜子"]；

②Faker. drinks，对应的内容为["可乐"，"雪碧"，"橙汁"，"绿茶"，"奶茶"，"百威"，"青岛"]；

③Faker. phones，对应的内容为["小米"，"三星"，"华为"，"苹果"，"魅族"，"VIVO"，"OPPO"]；

④Faker. fruits，对应的内容为["草莓"，"芒果"，"葡萄"，"雪梨"，"西瓜"，"柠檬"，"车厘子"]；

⑤Faker. animal，对应的内容为["河马"，"蟒蛇"，"老虎"，"大象"，"兔子"，"熊猫"，"狮子"]；

⑥Faker. cars，对应的内容为["宝马"，"法拉利"，"奔驰"，"奥迪"，"大众"，"丰田"，"特斯拉"]；

⑦Faker. dogs，对应的内容为["哈士奇"，"萨摩耶"，"泰迪"，"金毛"，"牧羊犬"，"吉娃娃"，"柯基"]；

⑧Faker. week，对应的内容为["周一"，"周二"，"周三"，"周四"，"周五"，"周六"，"周日"]；

除此之外，Faker 对象还包括两种比较常用的方法：choose( ) 和 values( )。其中，choose( )是一种实例方法，用于从 Faker. clothes、Faker. drinks、Faker. phones、Faker. fruits、Faker. animal、Faker. dogs、Faker. week 这几个中随机取一组测试数据；values( )是一种静态方法，用于生成 7 个随机整数，这 7 个随机整数一般是两位数或三位数的组合。

同步实训

绘制 S 城市一周温度与降水量组合图

1. 实训目的

掌握使用 WPS 表格、ECharts、pyecharts 绘制组合图的方法。

2. 实训内容及步骤

①将表 7 – 6 中的数据使用 WPS 表格绘制柱形 – 折线组合图。

②将表 7 – 6 中的数据使用 ECharts 绘制柱形 – 折线组合图。

表 7 – 6　S 城市一周温度与降水情况表

时间	降水量（mL）	气温（℃）
周一	2. 6	2
周二	5. 9	2. 2
周三	9	3. 3
周四	26. 4	4. 5
周五	28. 7	6. 3
周六	70. 7	10. 2
周日	175. 5	20. 6

任务小结

常见的组合图有折线图与柱形图组合、折线图与饼图组合等。WPS 表格中提供了四种预设组合图：簇状柱形图 – 折线图、簇状柱形图 – 次坐标轴上的折线图、堆积面积图 – 簇状柱形图和自定义组合。

在 ECharts 中，绘制簇状柱形图 – 折线图组合图时，需要设置 yAxis 数组、series 数组。

pyecharts 也支持绘制组合图表，即在同一画布显示的多个图表。多个图表按照不同的组合方式，可以分为并行多图、顺序多图、选项卡多图和时间轮播多图。

任务 2　绘制仪表盘

问题引入

中国特色社会主义进入新时代，我国已建成世界上规模最大的社会保障体系，人民生活全方位改善，病有所医、老有所养。基本养老保险覆盖十亿四千万人，基本医疗保险参保率稳定在 95%。国家统计局的数据显示，2021 年年末我国基本医疗保险参保人数达到 136 296.7万人（总人口 141 260 万人）。可视化图表如图 7 – 10 所示。

图 7 – 10　参加医疗保险人数

【素养小提示】

我国成功建设了具有鲜明中国特色、世界上规模最大、功能完备的社会保障体系

那么如何绘制以上图形呢？

解决方法

图 7 – 10 是仪表盘，仪表盘用来反映目标完成情况、预算执行情况，是一个非常直观的图表。使用 ECharts、pyecharts 可以绘制仪表盘。

任务实施

仪表盘（Gauge）也被称为拨号图表或速度表图，用于显示类似于速度计上的读数的数据，是一种拟物化的展示形式。仪表盘是常用的商业智能（BI）类的图表之一，可以轻松展示用户的数据，并能清晰地展示出某个指标值所在的范围。

子任务1 使用 ECharts 绘制仪表盘

仪表盘的颜色可以用于划分指标值的类别，而刻度标识、指针指示维度、指针角度则可用于表示数值。绘制仪表盘时，只需分配最小值和最大值，并定义一个颜色范围，指针将显示出关键指标的数据或当前进度。仪表盘可用于表示速度、体积、温度、进度、完成率、满意度等。

使用 ECharts 绘制仪表盘

在 ECharts 中，绘制仪表盘时，需要先将 series 中的 type 参数值设置为 gauge。ECharts 仪表盘常用的属性见表7-7。

表7-7 ECharts 仪表盘常用属性

属性	描述
name	系列名称，用于 tooltip 的显示、legend 的图例筛选。在 setOption 更新数据和配置项时，用于指定对应的系列
center	仪表盘中心（圆心）坐标，数组的第一项是横坐标，第二项是纵坐标。支持设置成百分比，设置成百分比时，第一项是相对于容器宽度，第二项是相对于容器高度
radius	仪表盘半径，可以是相对于容器高宽中较小的一项的一半的百分比，也可以是绝对的数值，默认的值为75%
startAngle	仪表盘起始角度，默认为225°。圆心正右手侧为0°，正上方为90°，正左手侧为180°
endAngle	仪表盘结束角度，默认情况下为-45°
clockwise	仪表盘刻度是否是顺时针增长，默认为 true
min	最小的数据值，默认为0，映射到 minAngle
max	最大的数据值，默认为100，映射到 maxAngle
splitNumber	仪表盘刻度的分割段数，默认分割为10段
axisLine	仪表盘轴线相关配置
splitLine	仪表盘分隔线样式
axisTick	仪表盘中刻度的样式
axisLabel	设置仪表盘的刻度标签
pointer	仪表盘指针
itemStyle	仪表盘指针样式
title	仪表盘标题
detail	仪表盘详情，用于显示数据
data	系列中的数据内容数组

在 ECharts 中，绘制 2021 年年末我国基本医疗保险参保人数的仪表盘，代码如下：

```
option = {
  series: [
    {
      type: 'gauge',
      title: {
          offsetCenter: [0, '-40%'],//设置相对于仪表盘中心的偏移位置
          textStyle:{
             fontSize:30
          }
      },
      min: 0,
      max: 141260,
      axisLine: {//设置仪表盘轴线(轮廓线)相关配置
        lineStyle: {
            width: 30,
            color: [ //设置仪表盘的轴线可以被分成不同颜色的多段
                [0.3, '#67e0e3'],
                [0.7, '#37a2da'],
                [1, '#fd666d']
            ]
        }
      },
      axisTick: {
        distance: -30,
        length: 8,
        lineStyle: {
            color: '#fff',
            width: 2
        }
      },
      axisLabel: {
        show:true,
        distance: -60,
        color: 'auto',
        fontSize: 15
      },
      splitLine: {
        distance: -30,
        length: 30,
        lineStyle: {
         color: '#fff',
         width: 4
        }
      },
      pointer: {//设置仪表盘指针
        itemStyle: {
          color: 'auto'
        }
```

```
        },
        detail: {
          show:true,
          offsetCenter:[0,'50%'],
          valueAnimation: true,
          formatter: '{value}万人',
          color: 'auto'
        },
        data: [
          {
            value: 136296.7,
            name:'参加医疗保险人数'
          }
        ]
      }
    ]
  };
```

生成的仪表盘如图 7-10 所示。

以上是单仪表盘展示数据，单仪表盘只能表示一类事物的范围情况。如果需要同时表现几类不同事物的范围情况，应该使用多仪表盘进行展示。多仪表盘通过 center 属性来指定仪表盘中心点的位置，通过 startAngle、endAngle 来指定每个仪表盘的大小。多仪表盘可参考官网 Gauge Car 案例：https://echarts.apache.org/examples/zh/editor.html?c=gauge-car。

仪表盘非常适合在量化的情况下显示单一的价值和衡量标准，但不适用于展示不同变量的对比情况或趋势情况。此外，仪表盘上可以同时展示不同维度的数据，但是为了避免指针重叠，影响数据的查看，仪表盘的指针数量建议最多不要超过 3 根。如果确实有多个数据需要展示，建议使用多个仪表盘。

子任务 2　使用 pyecharts 绘制仪表盘

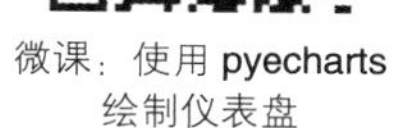
微课：使用 pyecharts 绘制仪表盘

pyecharts 也支持绘制仪表盘。在 pyecharts 库中，可使用 Gauge 类绘制仪表盘。Gauge 类的基本使用格式如下：

```
class Gauge(init_opts=opts.InitOpts())
.add(series_name, data_pair, is_selected=True, min_,max_,split_number,radius,
start_angle,end_angle,is_clock_wise,title_label_opts,detail_label_opts,pointer,
tooltip_opts,itemstyle_opts)
```

Gauge 类的常用参数及其说明见表 7-8。

表 7-8　Gauge 类的常用参数及其说明

参数名称	说明
init_opts=opts.InitOpts()	表示设置初始配置项
add()	表示添加图形信息

续表

参数名称	说明
series_name	系列名称，用于 tooltip 的显示、legend 的图例筛选
data_pair	系列数据项，格式为[(key1，value1)，(key2，value2)]
is_selected	是否选中图例，默认为 True
min_	最小的数据值，默认为 0
max_	最大的数据值，默认为 100
split_number	仪表盘平均分割段数，默认为 10 段
radius	仪表盘半径，可以是相对于容器高、宽中较小的一项的一半的百分比，也可以是绝对的数值
start_angle	仪表盘起始角度。圆心正右手侧为 0°，正上方为 90°，正左手侧为 180°
end_angle	仪表盘结束角度
is_clock_wise	仪表盘刻度是否是顺时针增长，默认为 True
title_label_opts	仪表盘内标题文本项标签配置项
detail_label_opts	仪表盘内数据项标签配置项
pointer	仪表盘指针配置项
tooltip_opts	提示框组件配置项
itemstyle_opts	图元样式配置项

使用 pyecharts 绘制 2021 年年末我国基本医疗保险参保人数的仪表盘的代码为：

```
from pyecharts import options as opts
from pyecharts.charts import Gauge
c = (
    Gauge()
    .add(
        '医疗保险',#系列名称
        [('参加医疗保险人数', 136296.7)],#系列数据项,格式为 [(key1, value1)]
        min_=0,#最小的数据值
        max_=141260,#最大的数据值
        axisline_opts=opts.AxisLineOpts( #仪表盘轴线配置项
        linestyle_opts=opts.LineStyleOpts(
            color=[(0.3, "#67e0e3"), (0.7, "#37a2da"), (1, "#fd666d")], width=30
        )),
    pointer=opts.GaugePointerOpts(width=4), #仪表盘指针配置项
    title_label_opts = opts.LabelOpts(font_size=20),#仪表盘内标题文本项标签配
置项
    #仪表盘内数据项标签配置项
     detail_label_opts=opts.LabelOpts( formatter='{value}万人'),
    )
```

```
        .set_global_opts(
         legend_opts = opts.LegendOpts(is_show = False),
         tooltip_opts = opts.TooltipOpts(is_show = True, formatter = '{b} <br/> {c}
万人'),
        )
    )
    c.render_notebook()
```

运行程序，效果如图 7－11 所示。

图 7－11　使用 pyecharts 绘制仪表盘

同步实训

绘制成绩等级仪表盘

1. 实训目的

掌握使用 ECharts 绘制仪表盘的方法。

2. 实训内容及步骤

小张数学考了 85 分，成绩报告单上显示是良好，请绘制小张数学成绩的等级仪表盘，其中成绩等级如下：60 分以下不及格，60～80 分为中等，80～90 分为良好，90～100 分为优秀。绘制的仪表盘效果如图 7－12 所示。

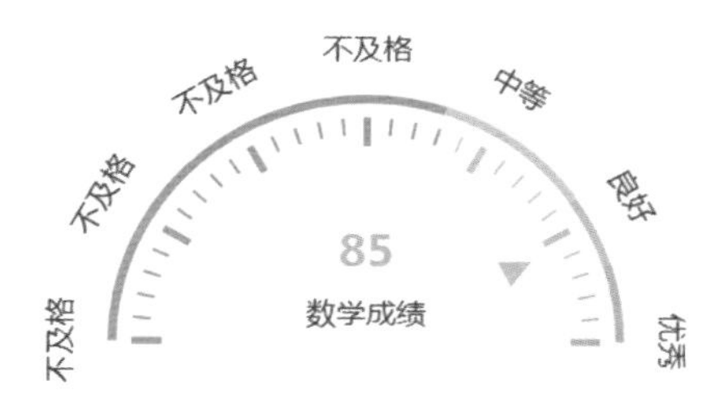

图 7－12　数学成绩等级仪表盘

①学习 ECharts 官网等级仪表盘案例：https://echarts.apache.org/examples/zh/editor.html?c=gauge-grade。

②使用 ECharts 绘制图 7-12 所示的成绩等级仪表盘。

任务小结

仪表盘（Gauge）也被称为拨号图表或速度表图，用于显示类似于速度计上的数据，是一种拟物化的展示形式。仪表盘是常用的商业智能（BI）类的图表之一，可以轻松展示用户的数据，并能清晰地展示出某个指标值所在的范围。仪表盘可用于表示速度、体积、温度、进度、完成率、满意度等。

在 ECharts 中，绘制仪表盘时，需要先将 series 中的 type 参数值设置为 gauge。

pyecharts 也支持绘制仪表盘。在 pyecharts 库中，可使用 Gauge 类绘制仪表盘。

习　题

一、选择题

1. 在日常工作中，有时候单一的图表类型无法满足多维度的数据展示要求，这时就要考虑使用（　　）进行数据的可视化。

A. 散点图　　B. 组合图　　C. 折线图　　D. 饼图

2. 常见的组合图有（　　）。

A. 饼图与漏斗图组合　　B. 折线图与饼图组合

C. 折线图与柱形图组合　　D. 散点图与柱形图组合

3. 在 ECharts 中，绘制簇状柱形图-折线图组合图时，需要设置 yAxix 数组、series 数组，yAxisIndex：1 指定使用第（　　）个 y 轴。

A. 0　　B. 1　　C. 2　　D. 3

4. 在 pyecharts 库中，可使用（　　）类绘制并行多图；可使用（　　）类绘制顺序多图；可使用（　　）类绘制选项卡多图；可使用（　　）类绘制时间线轮播多图。

A. Page　　B. Grid　　C. Tab　　D. Timeline

5. 在 ECharts 中，绘制仪表盘时，需要先将 series 中的 type 参数值设置为（　　）。

A. area　　B. line　　C. rose　　D. gauge

二、操作题

将表 7-6 中的数据使用 pyecharts 绘制并行多图（簇状柱形图-折线图组合图），采取上下布局。

项目 7 习题及答案

项目8

项目概述

在日常工作中，常使用关系图来分析事物之间的关系，而文本数据可视化常使用词云图，使用颜色和大小的变化来展示不同文本信息。本项目将介绍关系图及词云图的制作。

学习目标

知识目标	知道关系图及词云图的适用场合，掌握使用 ECharts、pyecharts 绘制关系图及词云图的方法
能力目标	会制作关系图、词云图
素养目标	增强历史自觉，坚定文化自信

工作任务

任务 1 绘制关系图
任务 2 绘制词云图

任务 1 绘制关系图

【素养小提示】

文化自信是更基本、更深沉、更持久的力量

问题引入

《红楼梦》，原名《石头记》，中国古代章回体长篇小说，中国古典四大名著之一。小说以贾宝玉与林黛玉、薛宝钗的爱情婚姻悲剧为主线，通过对贾、史、王、薛四大家族荣衰的描写，展示了广阔的社会生活视野，森罗万象，囊括了多姿多彩的世俗人情，是一部从各个角度展现中国古代社会百态的史诗性著作。《红楼梦》塑造了众多活生生的人物形象，那么如何将这些人物关系使用可视化图表展现出来呢？

解决方法

人物关系可以使用关系图来表示。使用 ECharts、pyecharts 可以绘制关系图。

任务实施

关系图展现节点以及节点之间的关系数据。关系图通常包含节点和边，节点代表某类实体，边代表其相连的节点具有的某种关系。

子任务1　使用 ECharts 绘制关系图

微课：使用 ECharts 绘制关系图

关系图需要两个必要的元素：节点、关系，其中，关系需要包含有联系的节点以及节点联系说明。Echarts 中的关系图是将 series 的 type 参数值设置为 graph。

ECharts 关系图常用的属性见表 8－1。

表 8－1　ECharts 关系图常用属性

属性	描述
layout	图的布局。可选：none，不采用任何布局，使用节点中提供的 x、y 作为节点的位置；circular，采用环形布局；force，采用力引导布局
label	图形上的文本标签，可用于说明图形的一些数据信息，比如值、名称等
data	关系图的节点数据列表。注意：节点的数据项名称（name）不能重复
categories	节点分类的类目。如果节点有分类的话，可以通过 data[i].category 指定每个节点的类目，类目的样式会被应用到节点样式上。图例也可以基于 categories 名字展现和筛选
force	力引导布局相关的配置项，力引导布局是模拟弹簧电荷模型在每两个节点之间添加一个斥力，在每条边的两个节点之间添加一个引力，每次迭代节点会在各个斥力和引力的作用下移动位置，多次迭代后，节点会静止在一个受力平衡的位置，达到整个模型的能量最小化。repulsion 为节点之间的斥力因子，值越大，则斥力越大
edgeLabel	边上的文本标签
links	节点间的关系数据。source 为边的源节点名称的字符串，也支持使用数字表示源节点的索引。target 为边的目标节点名称的字符串，也支持使用数字表示源节点的索引

在 ECharts 中，绘制《红楼梦》人物关系图，代码如下：

```
option = {
        title: { text: '《红楼梦》人物关系图(部分)',left:'center',top:"10% "},
```

```
    label:{normal:{show:true}},
    legend: {data:['男性','女性'],top:'80%'},
    series: [{
        type: 'graph',  //关系图
        layout:'force', //采用力引导布局
        symbol:'roundRect',
        symbolSize:60,
        categories:[{//节点分类的类目
            name:'男性',
            itemStyle:{
                normal:{
                    color:'#009800',
                }
            }
        },{
            name:'女性',
            itemStyle:{
                normal:{
                    color:'#4592FF',
                }
            }
        }],
        label:{ //节点名称
            normal:{
                show:true,
                textStyle:{
                    fontSize:15
                }
            }
        },
        force:{repulsion:1500 //节点之间的排斥力},
        edgeLabel:{
            normal:{
                show:true,
                textStyle:{
                    fontSize:13
                },
                formatter:"{c}" //显示数据值
            }
        },
        data: [
            {   name: '贾政',    //节点名称
                category:0,     //节点类型
                draggable:true, //节点是否可以拖动
            },
            {   name: '史太君',
                category:1,
                draggable:true,
            },
```

```
          {    name: '贾代善',
               category:0,
               draggable:true,
          },
          {    name: '薛宝钗',
               category:1,
               draggable:true,
          },
          {    name: '贾宝玉',
               category:0,
               draggable:true,
          },
          {    name: '林黛玉',
               category:1,
               draggable:true,
          },
     ],
     links:[{source:'史太君', //关系的起点
          target:'贾政', //关系的终点
          value:'母子' //关系类型
     },
     {    source:'贾代善',
          target:'贾政',
          value:'父子'
     },
     {    source:'史太君',
          target:'贾代善',
          value:'夫妻'
     },
     {    source:'薛宝钗',
          target:'贾政',
          value:'儿媳'
     },
     {    source:'贾政',
          target:'贾宝玉',
          value:'父子'
     },
     {    source:'林黛玉',
          target:'贾政',
          value:'舅舅'
     },
     {
          source:'薛宝钗',
          target:'贾宝玉',
          value:'夫妻'
     },
     {    source:'贾宝玉',
          target:'林黛玉',
          value:'表兄妹'
     },
     {    source:'史太君',
          target:'林黛玉',
```

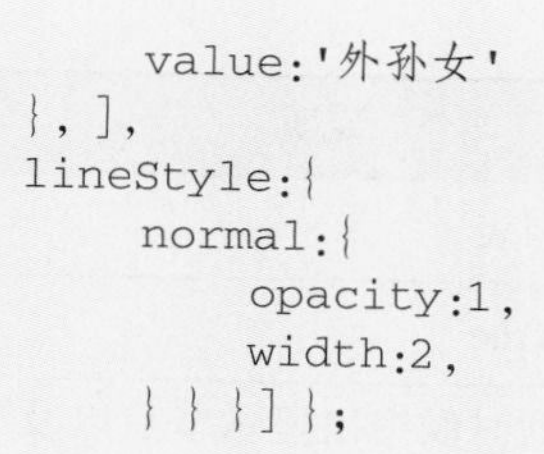

```
            value:'外孙女'
        },],
        lineStyle:{
            normal:{
                opacity:1,
                width:2,
            }}}]};
```

运行程序，效果如图 8－1 所示。

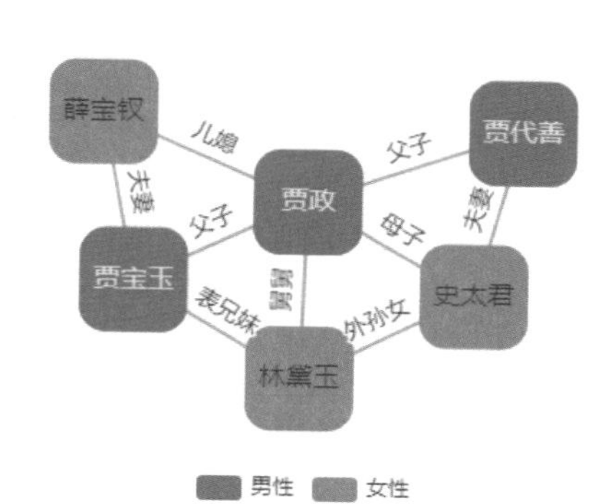

图 8－1　使用 ECharts 绘制的《红楼梦》人物关系图

子任务 2　使用 pyecharts 绘制关系图

微课：使用 pyecharts 绘制关系图

pyecharts 也支持绘制关系图。在 pyecharts 库中，可使用 Graph 类绘制关系图。Graph 类的基本使用格式如下：

```
class Graph(init_opts = opts.InitOpts())
.add(series_name,nodes,links,categories,is_selected = True,is_focusnode = True,
is_roam = True,is_draggable = False,is_rotate_label = False,layout,symbol,symbol_
size,edge_length,gravity,repulsion,edge_label,edge_symbol,edge_symbol_size,label_
opts,linestyle_opts,tooltip_opts,itemstyle_opts)
```

Graph 类的常用参数及其说明见表 8－2。

表 8－2　Graph 类的常用参数及其说明

参数名称	说明
init_opts = opts. InitOpts( )	表示设置初始配置项
add( )	表示添加图形信息
series_name	系列名称，用于 tooltip 的显示、legend 的图例筛选
nodes	关系图节点数据项列表
links	关系图节点间关系数据项列表

续表

参数名称	说明
categories	关系图节点分类的类目列表
is_selected	是否选中图例，默认为 True
is_focusnode	是否在鼠标移到节点上的时候突出显示节点以及节点的边和邻接节点，默认为 True
is_roam	是否开启鼠标缩放和平移漫游，默认为 True
is_draggable	节点是否可拖拽，只在使用力引导布局的时候有用，默认为 False
is_rotate_label	是否旋转标签，默认不旋转
layout	图的布局。可选：none，不采用任何布局；circular，采用环形布局；force，采用力引导布局
symbol	关系图节点标记的图形，提供的标记类型包括 circle、rect、roundRect、triangle、diamond、pin、arrow、none
symbol_size	关系图节点标记的大小
edge_length	边的两个节点之间的距离
gravity	节点受到的向中心的引力因子。该值越大，节点越往中心点靠拢
repulsion	节点之间的斥力因子
edge_label	Graph 图节点边的 Label 配置
edge_symbol	边两端的标记类型，默认不显示标记
edge_symbol_size	边两端的标记大小
label_opts	标签配置项
linestyle_opts	关系边的公用线条样式
tooltip_opts	提示框组件配置项
itemstyle_opts	图元样式配置项

pyecharts 绘制《红楼梦》人物关系图的代码为：

```
from pyecharts import options as opts
from pyecharts.charts import Graph
categories =[opts.GraphCategory(name ='男性'), opts.GraphCategory(name ='女性')]
nodes_data = [
    opts.GraphNode(name ='贾政',is_fixed =False,category =0),
    opts.GraphNode(name ='史太君',is_fixed =False,category =1),
    opts.GraphNode(name ='贾代善',is_fixed =False,category =0),
    opts.GraphNode(name ='薛宝钗',is_fixed =False,category =1),
    opts.GraphNode(name ='贾宝玉',is_fixed =False,category =0),
    opts.GraphNode(name ='林黛玉',is_fixed =False,category =1),
```

```
    ]
    links_data = [
        opts.GraphLink(source='史太君', target='贾政', value='母子'),
        opts.GraphLink(source='贾代善', target='贾政', value='父子'),
        opts.GraphLink(source="史太君", target="贾代善", value='夫妻'),
        opts.GraphLink(source='薛宝钗', target='贾政', value='儿媳'),
        opts.GraphLink(source='贾政', target='贾宝玉', value='父子'),
        opts.GraphLink(source='林黛玉', target='贾政', value='舅舅'),
        opts.GraphLink(source='薛宝钗', target='贾宝玉', value='夫妻'),
        opts.GraphLink(source='贾宝玉', target='林黛玉', value='表兄妹'),
        opts.GraphLink(source='史太君', target='林黛玉', value='外孙女'),
    ]
    c = (
        Graph()
        .add(
            "",
            nodes_data,
            links_data,
            categories,
            layout='force',
            symbol='roundRect',
            repulsion=1500,
            symbol_size=50,
            edge_label=opts.LabelOpts(is_show=True, position="middle",format-
ter="{c}"),
            linestyle_opts=opts.LineStyleOpts(width=2,color='grey'),
            label_opts=opts.LabelOpts(position="inside")
        )
        .set_global_opts(
            title_opts=opts.TitleOpts(title="红楼梦人物关系图(部分)",pos_left='
center'),
            legend_opts=opts.LegendOpts(is_show=True,pos_top=60),
        )
    )
    c.render_notebook()
```

运行程序，效果如图8-2所示。

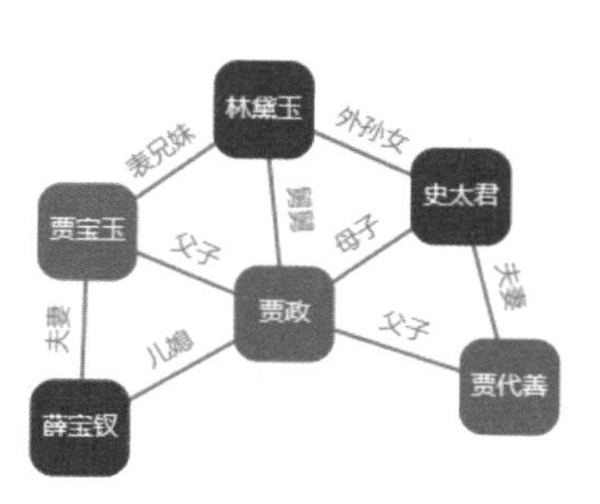

图8-2 使用pyecharts绘制人物关系图

同步实训

绘制西游记人物关系图

1. 实训目的

掌握使用 ECharts、pyecharts 绘制关系图。

2. 实训内容及步骤

《西游记》是中国神魔小说的经典之作，达到了古代长篇浪漫主义小说的巅峰，与《三国演义》《水浒传》《红楼梦》并称为中国古典四大名著。《西游记》人物有很多，如唐僧、孙悟空、猪八戒、沙悟净、小白龙敖烈、菩提祖师等，图 8－3 所示是《西游记》部分人物关系图，请使用 ECharts、pyecharts 绘制图 8－3 所示的人物关系图。

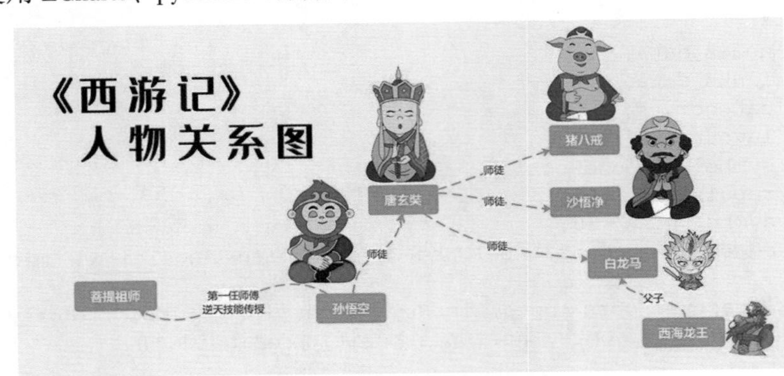

图 8－3 《西游记》人物关系图

①使用 ECharts 绘制人物关系图；

②使用 pyecharts 绘制人物关系图。

任务小结

关系图展现节点以及节点之间的关系数据。ECharts 中关系图是将 series 的 type 参数值设置为 graph。在 pyecharts 库中，可使用 Graph 类绘制关系图。

任务 2 绘制词云图

问题引入

2022 年 3 月 5 日，国务院总理李克强在第十三届全国人民代表大会第五次会议上作《政府工作报告》，引发各界高度关注与迅速传播。

2022 年的《政府工作报告》出现哪些新词、高频词？又有怎样的政策导向与行动主张？

【素养小提示】

两会词云图，热词里感受全过程民主

解决方法

可以使用词云图对《政府工作报告》中出现频率较高的“关

键词”予以视觉化的展现。

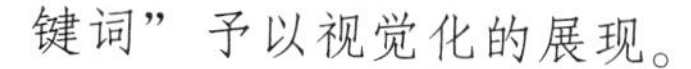

词云图是对文本中出现频率较高的“关键词”予以视觉化的展现。词云图可以过滤掉大量低频低质的文本信息，使浏览者只要一眼扫过文本，就可领略文本的主旨。词云图可以对文本进行语义分析，分析文本中关键词出现的频率，词频越大的词语在词云图中显示越大。词云图对于产品排名、热点问题或舆情监测是十分有帮助的。

子任务 1　使用工具统计词频

常用的文本词频统计工具有微词云、易词云、图悦、纽扣词云、优词云等，这些工具可满足 95% 的文本分析需求，非常适合没有编程基础的人士使用。下面以微词云工具为例说明使用过程。

打开微词云在线分词网页 https://fenci. weiciyun. com/cn/，在右上角进行个人免费注册。登录后，将需要统计的大段文本粘贴进文本框中，如图 8 – 4 所示，单击“下一步”按钮。根据提示对数据进行去重，最后可以下载生成的词频统计文档，如图 8 – 5 所示。

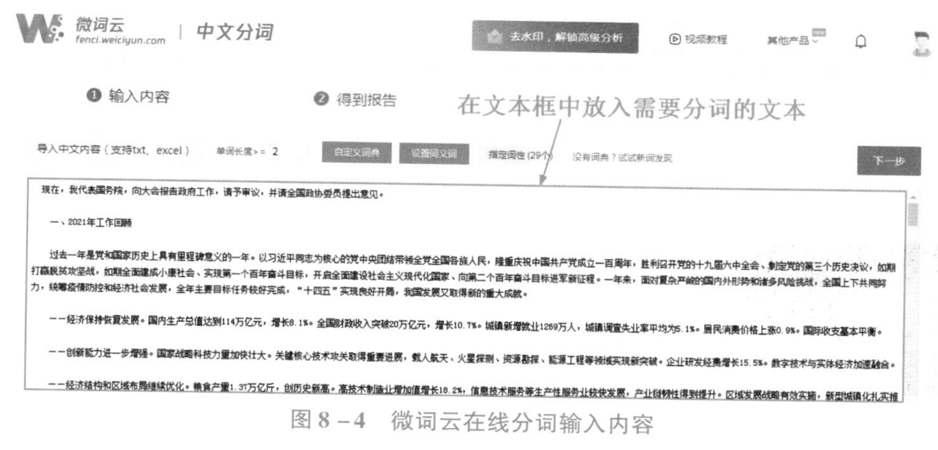

图 8 – 4　微词云在线分词输入内容

图 8 – 5　下载词频表

生成的词频表如图 8－6 所示，近 300 多条数据。

单词	词性	次数	条数	词频	TF-IDF
发展	名动词	127	53	0.022037	0.004889
建设	名动词	68	35	0.011799	0.004695
加强	动词	68	40	0.011799	0.004029
推进	动词	67	41	0.011626	0.003848
支持	动词	61	40	0.010585	0.003614
政策	名词	45	27	0.007808	0.00396

图 8－6　2022 年政府工作报告词频表

子任务 2　使用 ECharts 绘制词云图

词云图属于 ECharts 的扩展。使用 ECharts 绘制词云图，需要引入 echarts－wordcloud. min. js。可以从 ECharts 官网的“下载”→“扩展下载”中找到，如图 8－7 所示。

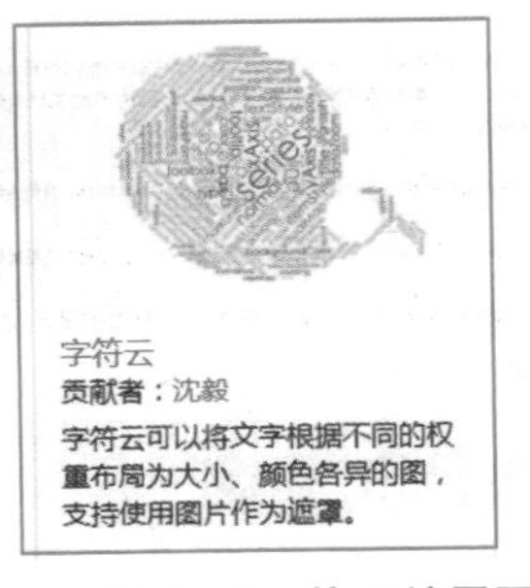

图 8－7　从“扩展下载”中下载字符云

单击“字符云”，打开 dist 文件夹，下载 echarts－wordcloud. min. js，具体下载网址为 https://github. com/ecomfe/echarts－wordcloud/tree/master/dist。

在绘制词云图时，需要在页面引入 echarts－wordcloud. min. js 文件。依据 2022 年《政府工作报告》文本词频数据，在 ECharts 中绘制词云图时，将 series 的 type 参数值设置为 wordCloud。

使用 ECharts 绘制词云图代码为：

```
option = {
                    title: {   //配置标题组件
                            text: '2022 年《政府工作报告》词云图',
                            x: 'center', y: 15,
```

```
            textStyle: {fontSize: 22,}
            },
        series: [{
            type: 'wordCloud',
            gridSize: 2,//词的间距
            sizeRange: [12, 100],//设置字符大小范围
            rotationRange: [0, 0],//词条旋转角度
            shape: 'pentagon',//词条形状,可选 diamond、pentagon、triangle 等
            width: 600,
            height: 400,
            drawOutOfBound: true,//是否允许词云在边界外渲染
            textStyle: {
            normal: {
                color: function () {//词云的颜色随机
                    return 'rgb(' + [
                        Math.round(Math.random() * 255),
                        Math.round(Math.random() * 255),
                        Math.round(Math.random() * 255)
                    ].join(',') + ')';
                }
            },
            emphasis: {
                shadowBlur: 26,//阴影的模糊等级
                color: '#333',
                shadowColor: '#ccc',//鼠标悬停在词云上的阴影颜色
                fontSize: 20
            }
        },
                data: [{name: '发展',value: 127,},{name: '建设',value:
68},{name: '加强',value: 68},{name: '推进',value: 67},{name: '支持',value: 61},{name: '
政策',value: 45},{name: '经济',value: 44},{name: '企业',value: 43},{name: '推动',value:
42},{name: '加快',value: 38},{name: '促进',value: 36},{name: '改革',value: 35},{name: '
就业',value: 34},{name: '服务',value: 34},{name: '实施', value: 34},{name: '政府',val-
ue: 31},{name: '保障',value: 30},{name: '创新',value: 30},{name: '工作', value: 28},
{name: '坚持',value: 28 }]}]
        };
```

运行程序，效果如图 8 –8 所示。

2022年《政府工作报告》词云图

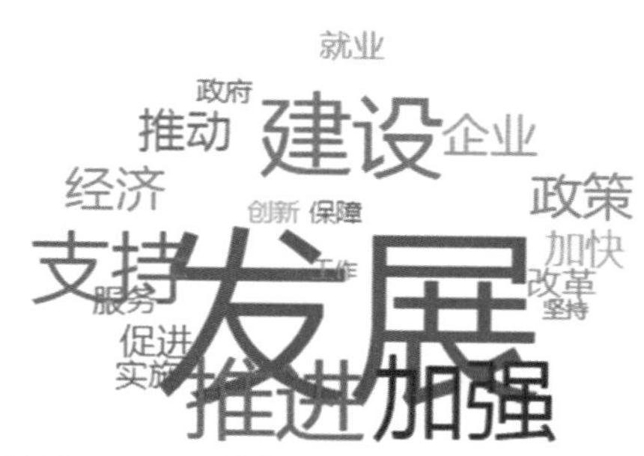

图 8 –8　使用 ECharts 绘制 2022 年《政府工作报告》词云图

子任务 3　使用 pyecharts 绘制词云图

微课：使用 pyecharts 绘制词云图

在 pyecharts 库中，可使用 WordCloud 类绘制词云图。WordCloud 类的基本使用格式如下：

```
class WordCloud(init_opts = opts.InitOpts())
    .add(series_name, data_pair, shape = 'circle', mask_image = None, word_gap = 20,
word_size_range = None, rotate_step = 45, pos_left = None, pos_top = None, pos_right =
None, pos_bottom = None, width = None, height = None, is_draw_out_of_bound = False,
tooltip_opts = None, textstyle_opts = None, emphasis_shadow_blur = None, emphasis_
shadow_color = None)
    .set_series_opts()
    .set_global_opts()
```

WordCloud 类的常用参数及其说明见表 8 – 3。

表 8 – 3　WordCloud 类的常用参数及其说明

参数名称	说明
init_opts = opts. InitOpts( )	表示设置初始配置项
add( )	表示添加数据
series_name	接收 str，表示系列名称，用于 tooltip 的显示、legend 的图例筛选。无默认值
data_pair	接收 Sequence，表示系列数据项，形如 [(word1, count1), (word2, count2)]。无默认值
shape	接收 str，表示词云图轮廓，可选 circle、cardioid、diamond、triangle – forward、triangle、pentagon。默认是 circle
mask_image	接收 str，表示自定义的图片（目前支持 jpg、jpeg、png、ico 的格式）。默认为 None
word_gap	接收 numeric，表示单词间隔。默认为 20
word_size_range	接收 numeric 序列，表示单词字体大小范围。默认为 None
rotate_step	接收 numeric，表示旋转单词角度。默认为 45
pos_left	接收 str，表示距离左侧的距离。默认为 None
pos_top	接收 str，表示距离顶部的距离。默认为 None
pos_right	接收 str，表示距离右侧的距离。默认为 None
pos_bottom	接收 str，表示距离底部的距离。默认为 None
width	接收 str，表示词云图的宽度。默认为 None

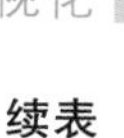

续表

参数名称	说明
height	接收 str，表示词云图的高度。默认为 None
is_draw_out_of_bound	接收 bool，表示是否允许词云图的数据展示在画布范围之外。默认为 False
set_series_opts( )	表示设置系列配置项
set_global_opts( )	表示设置全局配置项

pyecharts 绘制词云图的代码为：

```
import pandas as pd
from pyecharts import options as opts
from pyecharts.charts import WordCloud
data = pd.read_excel('data/2022 年《政府工作报告》分词结果.xlsx')
wc = (
    WordCloud()
    .add('词统计',[list(z) for z in zip(data['单词'].tolist(),data['次数']
.tolist())],
    shape = 'pentagon',word_gap = 5,word_size_range = [12,100],rotate_step = 0,
    is_draw_out_of_bound = False,emphasis_shadow_blur = 26,emphasis_shadow_col-
or = '#ccc')
    .set_global_opts(title_opts = opts.TitleOpts(title = '2022 年政府工作报告词云
图',pos_left = 'center',title_textstyle_opts = opts.TextStyleOpts(font_size = 22)))
)
wc.render_notebook()
```

运行程序，效果如图 8 –9 所示。

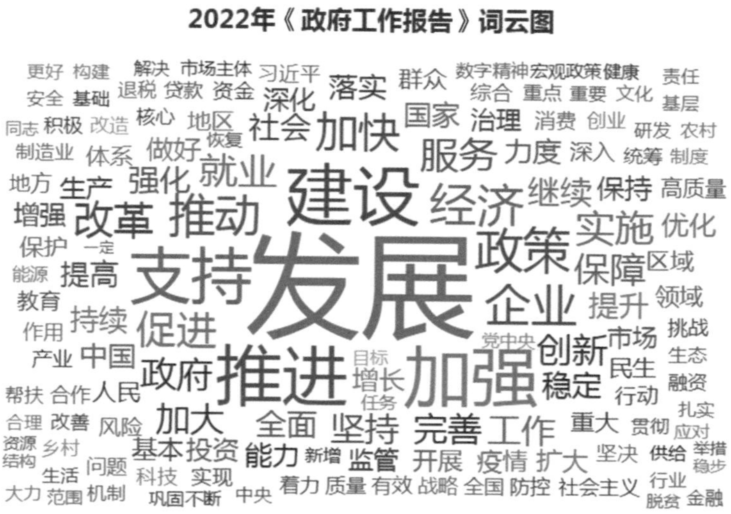

2022年《政府工作报告》词云图

图 8 –9　使用 pyecharts 绘制词云图

同步实训

绘制党的二十大报告词云图

1. 实训目的

掌握使用 ECharts、pyecharts 绘制词云图。

2. 实训内容及步骤

2022 年 10 月 16 日上午 10 时，中国共产党第二十次全国代表大会在北京人民大会堂开幕，中国共产党第二十次全国代表大会是在全党全国各族人民迈上全面建设社会主义现代化国家新征程、向第二个百年奋斗目标进军的关键时刻召开的一次十分重要的大会。大会主题是：高举中国特色社会主义伟大旗帜，全面贯彻新时代中国特色社会主义思想，弘扬伟大建党精神，自信自强、守正创新，踔厉奋发、勇毅前行，为全面建设社会主义现代化国家、全面推进中华民族伟大复兴而团结奋斗。习近平代表第十九届中央委员会向大会作了题为《高举中国特色社会主义伟大旗帜　为全面建设社会主义现代化国家而团结奋斗》的报告。

请使用 ECharts、pyecharts 绘制党的二十大报告词云图。

①对报告全文统计词频；

②使用 pyecharts 绘制词云图。

任务小结

词云图是对文本中出现频率较高的“关键词”予以视觉化的展现，词云图可以对文本进行语义分析，分析文本中关键词出现的频率。常用的文本词频统计工具有微词云、易词云、图悦等，这些工具可满足 95% 的文本分析需求，非常适合没有编程基础的人士使用。

词云图属于 ECharts 的扩展。使用 ECharts 画词云图，需要引入 echarts - wordcloud. min. js。ECharts 中词云图是将 series 的 type 参数值设置为 WordCloud。

在 pyecharts 库中，可使用 WordCloud 类绘制词云图。

习　题

一、选择题

1. （　　）是对出现频率较高的“关键词”予以视觉化的展现。

A. 散点图　　B. 词云图　　C. 折线图　　D. 饼图

2. 常用的文本词频统计工具有（　　）。

A. 微词云　　B. 易词云　　C. 图悦　　D. 优词云

3. ECharts 中关系图是将 series 的 type 参数值设置为（　　）。

A. pie　　B. line　　C. graph　　D. relation

4. 在 pyecharts 库中，可使用（　　）类定义图关系，使用（　　）类定义节点种类，使用（　　）类定义节点，（　　）用来表示节点之间的斥力因子。

A. GraphLink　　B. GraphNode　　C. GraphCategory　　D. repulsion

5. 在 ECharts 中，绘制词云图时，需要先将 series 中的 type 参数值设置为（　　）。

A. area　　B. line　　C. rose　　D. wordCloud

6. 词云图轮廓的默认值是（　　）。

A. circle　　B. star　　C. diamond　　D. pentagon

二、操作题

某公司销售部的部分员工微信好友关系数据见表 8－4。

表 8－4　部分员工微信好友关系数据

目标人物	其他人物	关系
周麟	[贺芳，吴桂，张芳，刘林霞]	[夫妻，同事，同学，同学]
黄晶	[张芳，刘林霞]	[朋友，同事]
张华	[刘林霞，吴桂]	[夫妻，同事]

请使用 ECharts、pyecharts 绘制员工微信好友关系图。

项目8 习题及答案

模块 4 数据可视化实战

模块概述

通过前面模块的学习，相信大家已经掌握了 WPS、ECharts、pyecharts 数据可视化技术。本模块通过实战案例的方式，整合可视化入门及进阶阶段所学图表，进行可视化大屏制作。

内容构成

模块4 数据可视化实战 —— 项目9 无人超市数据可视化平台

项目9

无人超市数据可视化平台

项目概述

随着智能科技应用日趋成熟，零售业“无人化”概念不断升温。比起传统零售商店空间大、备货多、人工服务操作较慢等特点，无人超市具有小空间、低库存、方便快捷等优点。如今无人超市已在多个城市得到了广泛的应用，已成为数字生活生态的一部分，更好地满足人民日益增长的美好数字生活需要。本项目使用 ECharts 技术可视化展示 X 城市无人超市销售、库存、用户等数据。

学习目标

知识目标	掌握异步加载数据技术
能力目标	会使用 ECharts 制作可视化大屏
素养目标	知晓数字经济是高质量发展的新动能

工作任务

任务1 可视化展示无人超市销售情况总数据
任务2 可视化展示无人超市销售分析
任务3 可视化展示无人超市库存分析
任务4 可视化展示无人超市用户分析

任务1　可视化展示无人超市销售情况总数据

问题引入

无人超市在运营过程中产生了商品的订单量、毛利率、销售金额等数据，需要将这些数据可视化展示出来，以便实时了解无人超市运营情况，那么如何将商品的订单量、毛利率、销售金额等数据可视化展示呢？

【素养小提示】

"十四五"数字经济发展规划

解决方法

可以使用 ECharts 制作无人超市总数据大屏，如图9－1所示。

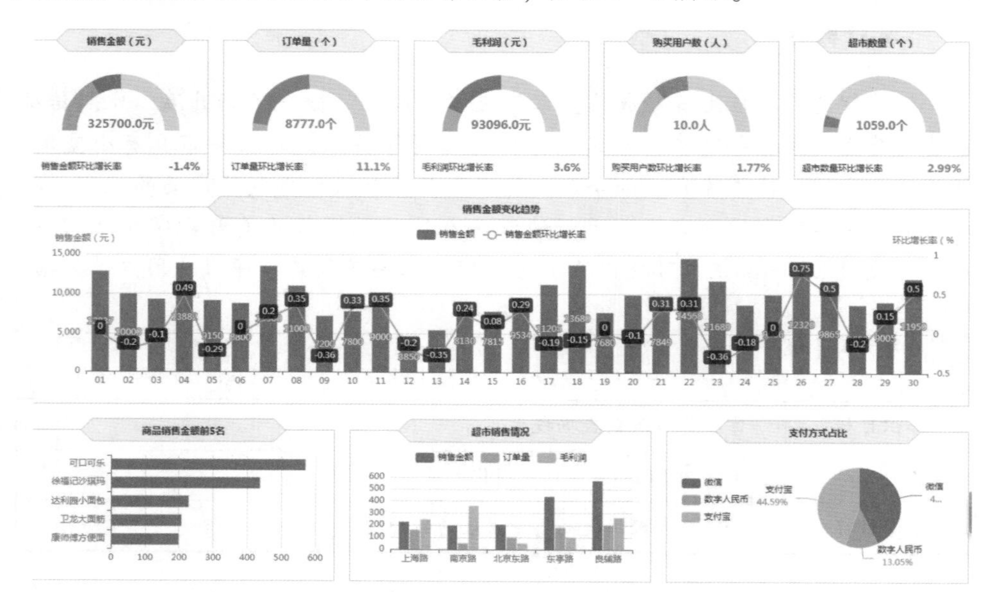

图9－1　无人超市销售总情况大屏可视化展示

任务实施

无人超市销售情况总数据存储在 json 文件中，进行可视化展示销售情况总数据用到的数据文件见表9－1。

【素养小提示】

释放数字经济潜力

表9－1　销售情况总数据用到的数据文件

可视化方向	数据文件
无人超市销售总体情况	无人超市各特征数据 . json
	无人超市销售金额及其环比增长率 . json
	商品销售金额前5名 . json
	不同地点销售数据 . json
	不同支付方式用户人数 . json

子任务1　在ECharts中实现异步数据加载

ECharts中的数据一般是在初始化后的setOption中直接填入的，但是很多时候需要使用异步模式进行数据加载。在ECharts中实现异步数据的更新非常简单，在图表初始化后，任何时候，只要通过jQuery等工具异步获取数据后，通过setOption填入数据和配置项即可。

商品及销量数据存储在data.json文件中，data.json文件的内容为：

```
{
    categories: ["衬衫","羊毛衫","雪纺衫","裤子","高跟鞋","袜子"],
    values: [5, 20, 36, 10, 10, 20]
}
```

使用jQuery获取data.json文件中的数据，使用ECharts的setOption填入获取的数据和配置项的关键代码如下：

```
<head>
    <!--步骤1,引入ECharts,jquery -->
    <script src="js/echarts.js"></script>
    <script src="js/jquery-3.3.1.js"></script>
</head>
<body>
    <!-- 步骤2,为ECharts准备一个具备大小(宽高)的Dom -->
    <div id="main" style="width: 800px;height:400px;"></div>
    <script type="text/javascript">
     var myChart = echarts.init(document.getElementById('main'));
     //jQuery get()方法获取服务器上的文件,若获取成功,执行done方法
      $.get('data/data.json').done(function(data) {
      myChart.setOption({
        title: {
                text: '异步数据加载示例'
                },
                tooltip: {},
                legend: {},
                xAxis: {
                        data: data.categories //json文件中categories对应的值
                },
                yAxis: {},
                series: [
                {
                        name: '销量',
                        type: 'bar',
                        data: data.values //json文件中values对应的值
                }
                        ]
                        });
                            });
    </script>
</body>
```

将文件部署到 Web 服务器上，运行后的效果如图 9－2 所示。

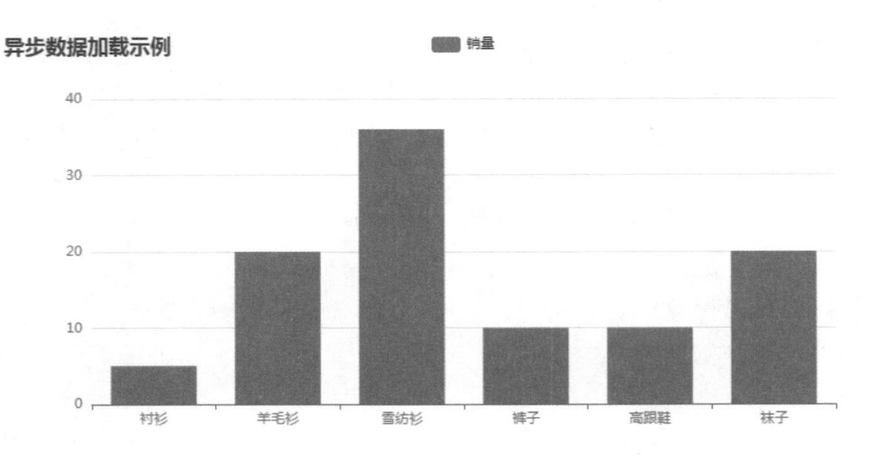

图 9－2　异步加载示例

子任务 2　使用组合图展示销售金额变化趋势

无人超市销售金额及其环比增长率的部分数据见表 9－2。

表 9－2　无人超市销售金额及其环比增长率部分数据

日期	销售金额（元）	销售金额环比增长率（%）
2022－09－01	12 837.00	0
2022－09－02	10 000.00	－0.2
2022－09－03	9 326	－0.1
2022－09－04	13 882	0.49
2022－09－05	9 150	－0.29
2022－09－06	8 800	0
2022－09－07	13 500	0.2
2022－09－08	11 000	0.35

无人超市销售金额及其环比增长率 . json 文件内容为：

```
{
"日期":["2022-09-01","2022-09-02","2022-09-03","2022-09-04","2022-09-05",
"2022-09-06","2022-09-07","2022-09-08","2022-09-09","2022-09-10",
"2022-09-11","2022-09-12","2022-09-13","2022-09-14","2022-09-15","2022-09-
16","2022-09-17","2022-09-18","2022-09-19","2022-09-20","2022-09-21",
"2022-09-22","2022-09-23","2022-09-24","2022-09-25","2022-09-26","2022-
09-27","2022-09-28","2022-09-29","2022-09-30"],
```

```
    "销售金额":[12837.00,10000.00,9326,13882,9150,8800,13500,11000,7200,7800,
9000,3850,5450,8130,7815,9534,11205,13680,7680,9915,7849,14568,11689,8653,
9956,12320,9865,8652,9005,11950],
    "销售金额环比增长率":[0, -0.2, -0.1,0.49, -0.29,0,0.2,0.35, -0.36,0.33,0.35, -
0.2, -0.35,0.24,0.08,0.29, -0.19, -0.15,0, -0.1,0.31,0.31, -0.36, -0.18,0,
0.75,0.5, -0.2,0.15,0.5]
    }
```

使用柱形－折线组合图对销售金额及环比增长率进行展示的关键代码为：

```
    //初始化图表
    var saleRate = echarts.init(document.getElementById('saleRate'));
    //设置图表 option 值
    $.get("data/无人超市销售金额及其环比增长率 .json").done(function (data) {
        saleRate.setOption({
        tooltip: {
            trigger: 'axis',
            axisPointer: {
                type: 'cross'
            }
        },
        grid: {
            //用网格定位图表
            x: 10,
            y: 50,
            x2: 10,
            y2: 10,
            //使坐标轴数据能完整显示
            containLabel: true
        },
        //设置 legend 位置及数据,位于图表右上方
        legend: {
            data:['销售金额','销售金额环比增长率'],
            top: 10
        },
        barCategoryGap:'40%',
        xAxis: [
            {
                type: 'category',
                //日期数据
                data: data. 日期,
                axisPointer: {
                    type: 'shadow'
                },
                /* 运用 ECharts 内置方法格式化日期,使 x 轴日期数据更简洁,同时,不影响原数
据在鼠标交互时的完整展现 */
                axisLabel: {
                    formatter: function(value){
                        return echarts.format.formatTime('dd', value);
```

```
                }
            }
        }
    ],
    yAxis: [
        {
            type: 'value',
            name: '销售金额(元)',
            //设置 Y 坐标轴最小值
            min: 0,
            //设置 Y 坐标轴最大值
            max: 15000,
            //设置 Y 坐标轴值间隔值
            interval: 5000
        },
        //定义 Y 轴右侧坐标轴
        {
            type: 'value',
            name: '环比增长率(%)',
            min: -0.5,
            max: 1,
            interval: 0.5
        }
    ],
    series: [
        {
            name:'销售金额',
            type:'bar',
            //设置显示坐标点数值
            label:{
                show:'true'
            },
            //销售金额数据
            data:data.销售金额
        },
        {
            name:'销售金额环比增长率',
            type:'line',
            //设置"销售金额环比增长率"数值样式,圆角矩形黑底白字,位于数据点上方
            label:{
                //设置显示坐标点数值
                show:'true',
                color:'#fff',
                backgroundColor:'rgba(0,0,0,0.7)',
                verticalAlign:'middle',
                padding:4,
                borderRadius:4,
                position:'top'
            },
```

```
                //设置"销售金额环比增长率"在坐标轴右侧显示
                yAxisIndex: 1,
                //销售金额环比增长率数据
                data:data. 销售金额环比增长率
            }
        ]
            })
});
```

运行效果如图9-3所示。

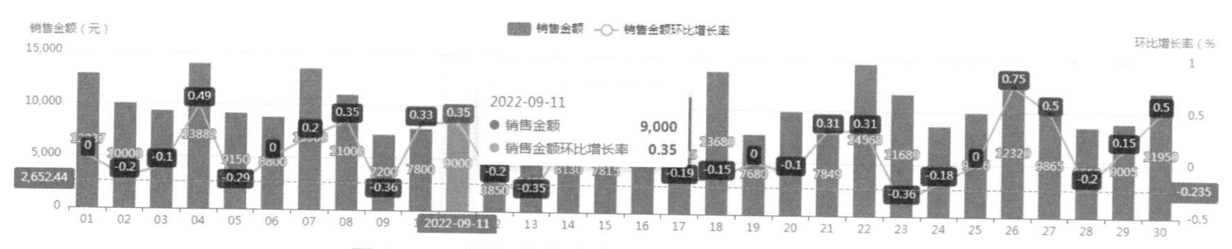

图9-3　销售金额变化趋势柱形-折线组合图

子任务3　使用仪表盘展示无人超市各特征数据

无人超市各特征数据见表9-3。

表9-3　无人超市各特征数据

销售金额（元）	订单量（个）	毛利润（元）	无人超市数量（个）	购买用户数（人）
651 400	18 000	186 000	10 857	21
325 700	8 777	93 096	1 059	10
218 590	790	25 505	354	6

无人超市各特征数据.json文件内容为：

```
{
    "销售金额": [651400, 325700, 218590],
    "订单量": [18000, 8777, 790],
    "毛利润": [186000, 93096, 25505],
    "超市数量": [10857, 1059, 354],
    "购买用户数": [21, 10, 6]
}
```

使用仪表盘对销售金额、订单量、毛利润、超市数量、购买用户数进行展示的关键代码为：

```
$.get("data/无人超市各特征数据.json").done(function (data) {
    saleT('saleM', '销售金额', 0, data. 销售金额[0], data. 销售金额[1], data. 销售金额[2], '元','#1779d9','rgba(23,121,217,0.6)');
```

```
        saleT('orderQ', '订单量', 0, data.订单量[0], data.订单量[1], data.订单量[2],
'个','#30b761','rgba(48,183,97,0.5)');
        saleT('grossM', '毛利润', 0, data.毛利润[0], data.毛利润[1], data.毛利润[2],
'元','#d04a4b','rgba(208,74,75,0.5)');
        saleT('discount', '超市数量', 0, data.超市数量[0], data.超市数量[1], data.超
市数量[2], '个','#ca841e','rgba(202,132,30,0.5)');
        saleT('unitP', '购买用户数', 0, data.购买用户数[0], data.购买用户数[1], data.
购买用户数[2], '元','#00a7c2','rgba(0,167,194,0.5)');
    });
    /*
     *id: chart 容器 id;
     *title: 仪表盘名称
     *min: 最小值
     *max: 最大值
     *val: 当前实际值
     *tag: 目标值
     *unit: 单位符号
     *color1: 主轴颜色
     */

    var saleM = echarts.init(document.getElementById("saleM"));
    var orderQ = echarts.init(document.getElementById("orderQ"));
    var grossM = echarts.init(document.getElementById("grossM"));
    var discount = echarts.init(document.getElementById("discount"));
    var unitP = echarts.init(document.getElementById("unitP"));
    function saleT(id, title, min, max, val, tag, unit, color1, color2) {
        var myChart = echarts.init(document.getElementById(id));
        option = {
            tooltip: {
            },
            series: [{
                startAngle: 180,
                endAngle: 0,
                splitNumber: 1,
                name: title,
                type: 'gauge',
                radius: '100%',
                axisLine: {
                    lineStyle: {
                        color: [
                            [0.25, '#1779da'],
                            [0.5, '#1779da'],
                            [1, '#ddd']
                        ],
                        width: 20
                    }
                },
                axisTick: { show: false },
                axisLabel: { show: false},
```

```
                splitLine: { show: false },
                pointer: { show:false },
                detail: {
                    offsetCenter: [0, '-10%'],
                    formatter: function(value){
                        return '{a|' + value.toFixed(1) +unit + '}';
                    },
                    rich: {
                        a: {
                            fontSize:'16',
                            fontWeight:'bold'
                        }
                    }
                },
                data: [{}]
            }]
        };
        option.series[0].min = min;
        option.series[0].max = max;
        option.series[0].data[0].value = val;
        option.series[0].axisLine.lineStyle.color[0][0] = (tag - min) /(max - min);
        option.series[0].axisLine.lineStyle.color[0][1] = color2;
        option.series[0].axisLine.lineStyle.color[1][0] = (val - min) /(max - min);
        option.series[0].axisLine.lineStyle.color[1][1] = color1;
        myChart.setOption(option);
    }
```

运行效果如图 9－4 所示。

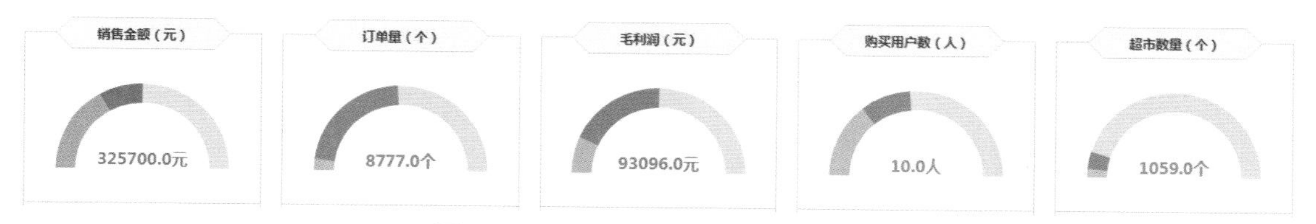

图 9－4　无人超市各特征数据仪表盘

子任务 4　使用条形图展示商品销售金额

销售金额前 5 名的商品数据见表 9－4。

表 9－4　销售金额前 5 名的商品

商品名称	销售金额（元）
可口可乐	570
徐福记沙琪玛	437
达利园小面包	228

续表

商品名称	销售金额（元）
卫龙大面筋	207
康师傅方便面	199

商品销售金额前5名.json文件内容为：

```
{
"商品名称":["康师傅方便面","卫龙大面筋","达利园小面包","徐福记沙琪玛","可口可乐"],
"销售金额":[199,207,228,437 ,570]
}
```

使用条形图对销售金额前5名的商品进行展示的关键代码为：

```
var saleMtop5 = echarts.init(document.getElementById('saleMtop5'));
$.get("data/商品销售金额前5名.json").done(function (data) {
    saleMtop5.setOption({
    tooltip: {
        trigger: 'axis',
        axisPointer: {
            type: 'shadow'
        }
    },
    grid: {
        x: 10,
        y: 20,
        x2: 10,
        y2: 10,
        containLabel: true
    },
    barCategoryGap:'40%',
    xAxis: {
        type: 'value',
        boundaryGap: [0, 0.01],
        axisLine:{lineStyle:{width:0}},
    },
    yAxis: {
        type: 'category',
        splitLine:{lineStyle:{width:0}},
        data: data.商品名称
    },
    series: [
        {
            name: '售出总数量',
            type: 'bar',
            label:{
                position:'right',
```

```
                    verticalAlign:'middle',
                },
                data: data.销售金额
            }
        ]
            })
});
```

运行效果如图 9－5 所示。

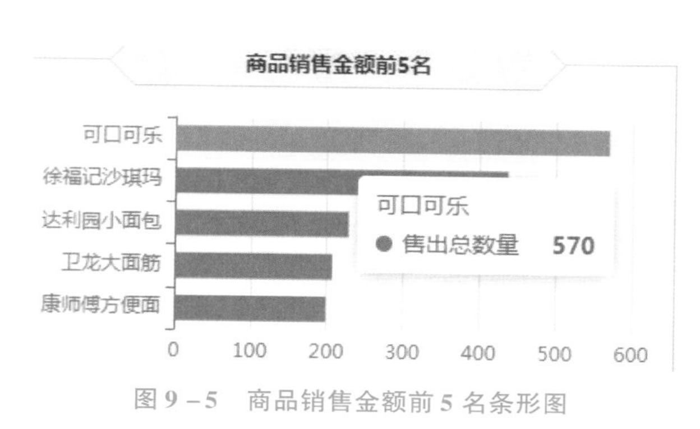

图 9－5　商品销售金额前 5 名条形图

子任务 5　使用饼图展示用户支付方式

顾客支付数据见表 9－5。

表 9－5　不同支付方式顾客数

支付方式	用户人数（人）
支付宝	800
微信	760
数字人民币	234

不同支付方式顾客人数 . json 文件内容为:

```
{
"支付方式":["微信","数字人民币","支付宝"],
"data":[
{"value":760,"name":"微信"},
{"value":234,"name":"数字人民币"},
{"value":800,"name":"支付宝"}
]
}
```

使用饼图对不同的支付方式占比进行展示的关键代码为:

```
var payWay = echarts.init(document.getElementById('payWay'));
$.get("data/不同支付方式顾客人数.json").done(function (data) {

    payWay.setOption({
    tooltip : {
        trigger: 'item',
        formatter: "{a} <br/>{b} : {c} ({d}% )"
    },
    legend: {
        data: data.支付方式,
        orient:'vertical',
        left:0,
        top:"25% "
    },
    grid: {
        left: '0%',
        right: '0%',
        bottom: '0%',
        containLabel: true
    },
    series : [
        {
            name: '支付方式占比',
            type: 'pie',
            radius : '62%',
            center: ['65%', '50%'],
            label:{
                formatter:"{b} \n{a |{d}% }",
                rich: {
                    a: {
                        padding:6,
                        align:'left',
                        color:'#999',
                    }
                }
            },
            data:data.data,
            itemStyle: {
                emphasis: {
                    shadowBlur: 10,
                    shadowOffsetX: 0,
                    shadowColor: 'rgba(0, 0, 0, 0.5)'
                }
            }
        }
    ]
        })
});
```

运行效果如图 9 -6 所示。

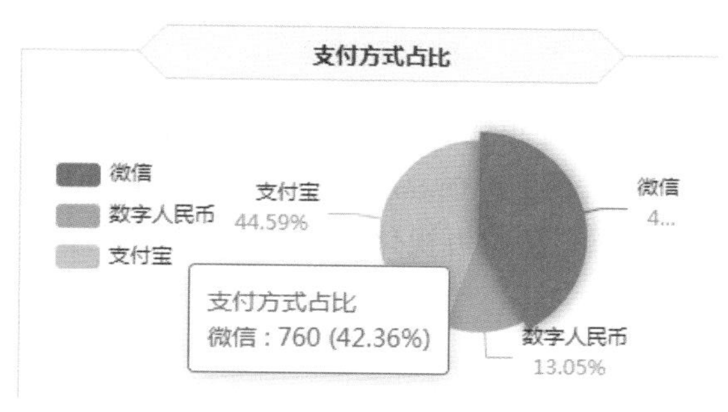

图 9 -6　支付方式占比饼图

同步实训

使用柱形图展示超市销售情况

1. 实训目的

掌握使用 ECharts 加载异步数据来绘制柱形图的方法。

2. 实训内容及步骤

不同地点的无人超市销售情况见表 9 -6。

表 9 -6　不同地点的无人超市销售数据

地点	销售金额（元）	订单量（个）	毛利润（元）
上海路	228	160	245
南京路	199	50	359
北京东路	207	100	50
东亭路	437	180	100
良辅路	570	200	260

①将表 9 -6 中的数据转换为 json 文件。

②使用 ECharts 读取 json 文件数据来绘制不同地点无人超市销售情况柱形图，运行效果如图 9 -7 所示。

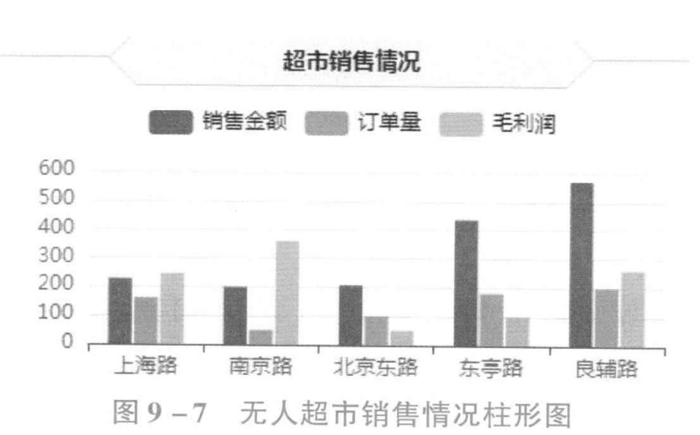

图 9 -7　无人超市销售情况柱形图

任务小结

ECharts 中实现异步数据的更新非常简单，在图表初始化后，不管什么时候，只要通过 jQuery 等工具异步获取数据后，通过 setOption 填入数据和配置项即可。

本任务完成了无人超市销售总情况可视化中柱形－折线组合图、仪表盘、条形图、饼图及柱形图的 ECharts 实现。

任务2 可视化展示无人超市销售分析

问题引入▶

无人超市在运营过程中产生了各类销售数据，那么如何将各类销售数据可视化展示，以便更好地了解无人超市的销售状况呢？

解决方法▶

可以使用 ECharts 制作无人超市销售分析大屏，如图 9－8 所示。

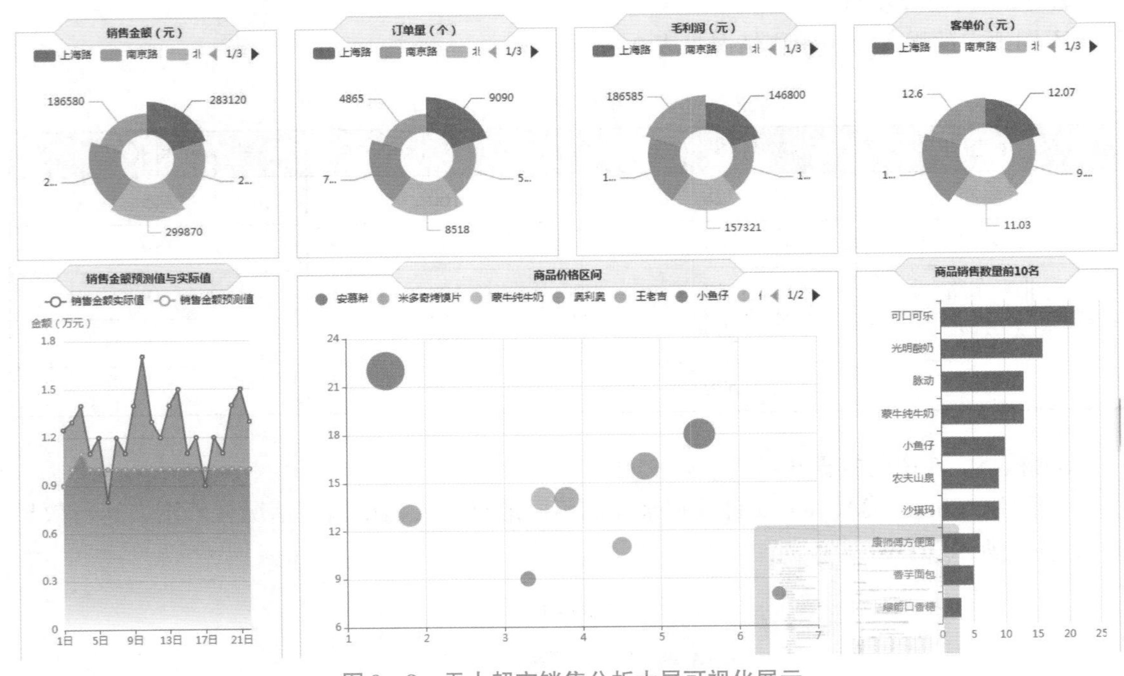

图 9－8　无人超市销售分析大屏可视化展示

任务实施▶

无人超市各类销售数据存储在 json 文件中，进行可视化展示销售分析用到的数据见表 9－7。

表9-7　各类销售数据

可视化方向	数据文件
无人超市销售分析	不同区域的各指标数据 . json
	商品销售数量前10. json
	商品销量数量和价格数据 . json
	销售金额实际值与预测值 . json

子任务1　使用玫瑰图展示不同区域的各指标数据

无人超市不同区域的各指标数据见表9-8。可以使用玫瑰图展示各区域无人超市销售金额、订单量、毛利率、客单价。

表9-8　不同区域的各指标数据

地点	销售金额（元）	订单量（个）	毛利率（元）	客单价（元）
上海路	283 120	9 090	14 800	12. 07
南京路	253 590	5 500	104 928	9. 13
北京东路	299 870	8 518	157 321	11. 03
东亭路	260 250	7 634	160 256	14. 8
良辅路	186 580	4 865	186 585	12. 6

对应表9-8的json文件内容为:


```
{
"where":["上海路","南京路","北京东路","东亭路","良辅路"],
"sale":[
{"value":283120, "name":"上海路"},
{"value":253590, "name":"南京路"},
{"value":299870, "name":"北京东路"},
{"value":260250, "name":"东亭路"},
{"value":186580, "name":"良辅路"}],
"order":[
{"value":9090, "name":"上海路"},
{"value":5500, "name":"南京路"},
{"value":8518, "name":"北京东路"},
{"value":7634, "name":"东亭路"},
{"value":4865, "name":"良辅路"}],
"gross":[
{"value":146800, "name":"上海路"},
{"value":104928, "name":"南京路"},
{"value":157321, "name":"北京东路"},
```

```
{"value":160256, "name":"东亭路"},
{"value":186585, "name":"良辅路"}],
"unit":[
{"value":12.07, "name":"上海路"},
{"value":9.13, "name":"南京路"},
{"value":11.03, "name":"北京东路"},
{"value":14.8, "name":"东亭路"},
{"value":12.6, "name":"良辅路"}]
}
```

使用玫瑰图展示不同地点无人超市销售金额的关键代码为：

```
var saleM_Site = echarts.init(document.getElementById('saleM_Site'));
$.get("data/不同区域的各指标数据.json").done(function (data) {
saleM_Site.setOption({
    tooltip : {
        trigger: 'item',
        formatter: "{b}:<br/>{c} 元<br/>({d}%)"
    },
    legend: {
        type:'scroll',
        data:data.where
    },
    toolbox: {
        show : false,
        feature : {
            mark : {show: true},
            dataView : {show: true, readOnly: false},
            magicType : {
                show: true,
                type: ['pie', 'funnel']
            },
            restore : {show: true},
            saveAsImage : {show: true}
        }
    },
    calculable : true,
    series : [
        {
            name:'地点',
            type:'pie',
            radius : ["25%", '60%'],
            center : ['50%', '57%'],
            roseType : 'area',
            label:{
                show:true,
                formatter:'{c}'
            },
            data:data.sale
```

```
            },
            {
                    type:'pie',radius:'25%',center:['50%','57%'],
                    label:{normal:{position:'center',color:'#fff'}},
                    labelLine:{normal:{show:false}},itemStyle:{color:'transparent'},
                    data:[{value:1,name:'地点',tooltip:{formatter:' ',backgroundCol-
or:'none'}}]
            },
        ]
            })
    });
```

运行效果如图9-9所示。

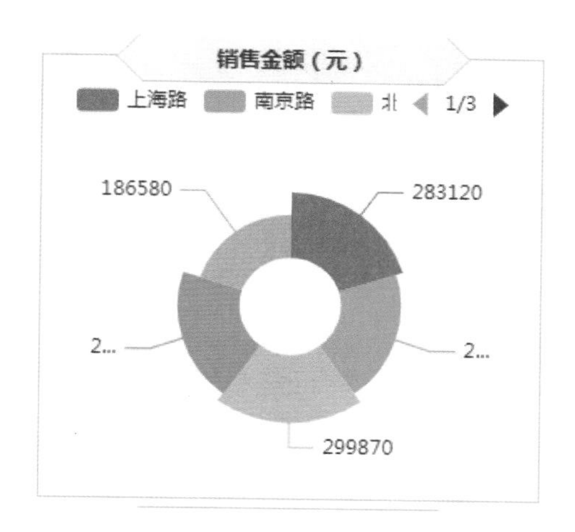

图9-9　不同地点无人超市销售金额玫瑰图

使用玫瑰图展示不同地点无人超市订单量的关键代码为：

```
var orderQ_Site = echarts.init(document.getElementById('orderQ_Site'));
$.get("data/不同区域的各指标数据.json").done(function (data) {
    orderQ_Site.setOption({
    tooltip : {
        trigger: 'item',
        formatter: "{b}:<br/>{c} 个<br/>({d}%)"
    },
    legend: {
        type:'scroll',
        data:data.where
    },
    toolbox: {
        show : false,
        feature : {
            mark : {show: true},
            dataView : {show: true, readOnly: false},
            magicType : {
```

```
                        show: true,
                        type: ['pie', 'funnel']
                    },
                    restore : {show: true},
                    saveAsImage : {show: true}
                }
            },
            calculable : true,
            series : [
                {
                    name:'地点',
                    type:'pie',
                    radius : ["25% ", '60%'],
                    center : ['50%', '57%'],
                    roseType : 'area',
                    label:{
                        show:true,
                        formatter:'{c}'
                    },
                    data:data.order
                },
                {
                    type:'pie',radius:'25%',center:['50%','57%'],
                    label: {normal:{position:'center',color:'#fff'}},
                    labelLine:{normal:{show:false}},itemStyle:{color:'transparent'},
                    data:[{value:1,name:'地点',tooltip:{formatter:' ',background-
Color:'none'}}]
                },
            ]
                })
    });
```

运行效果如图 9－10 所示。

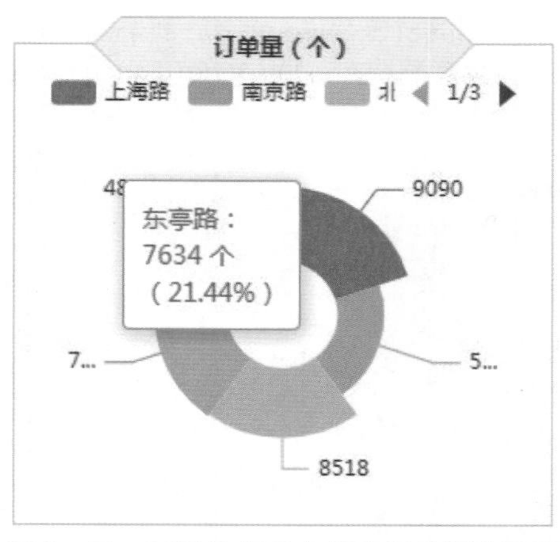

图 9－10　不同地点无人超市订单量玫瑰图

毛利润、客单价的关键代码与销售金额、订单量的类似，不同区域各指标数据的玫瑰图如图 9－11 所示。

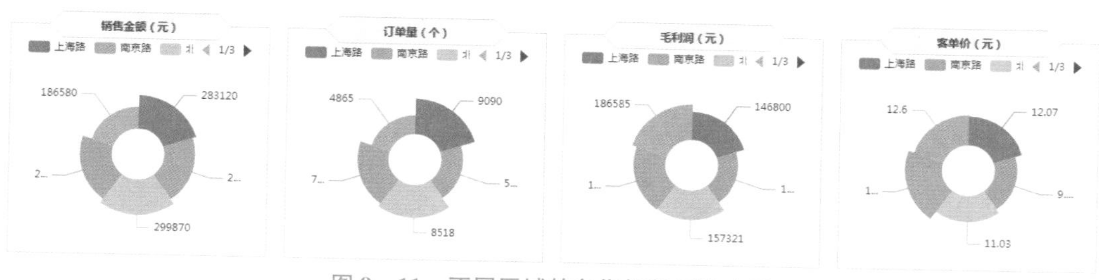

图9－11　不同区域的各指标数据玫瑰图

子任务2　使用折线图展示销售金额实际值与预测值

销售金额实际值与预测值部分数据见表9－9，可以使用折线图展示销售金额预测值与实际销售金额。

表9－9　销售实际值与预测值

日期	销售金额实际值（万元）	销售金额预测值（万元）
1日	1.25	0.9
2日	1.3	1
3日	1.4	1.1
4日	1.1	1
5日	1.2	1
6日	0.8	1

对应表9－9的json文件内容为：

```
{
    "D":["1月","2月","3月","4月","5月","6月","7月","8月","9月","10月","11月","12月","13月","14月","15月","16月","17月","18月","19月","20月","21月","22月"],
    "T":[1.25, 1.3, 1.4, 1.1, 1.2, 0.8, 1.2, 1.1, 1.4, 1.7, 1.3,1.2, 1.4, 1.5, 1.1, 1.2, 0.9, 1.2, 1.1, 1.4, 1.5, 1.3],
    "Y":[0.9,1,1.1,1,1,1,1,1,1,1,1,1,1,1,1,1,1,1,1,1,1,1]
}
```

使用折线图展示销售金额预测值与实际销售金额的关键代码为：

```
var saleAll = echarts.init(document.getElementById('saleAll'));
$.get("data/销售金额实际值与预测值.json").done(function (data) {
    saleAll.setOption({
    tooltip: {
        trigger: 'axis'
    },
    legend: {
        type:'scroll'
    },
    grid: {
```

```
            left: '10',
            right: '20',
            bottom: '10',
            containLabel: true
        },
        xAxis: {
            type: 'category',
            boundaryGap: false,
            data: ['1 日','2 日','3 日','4 日','5 日','6 日','7 日','8 日','9 日','10 日',
            '11 日','12 日','13 日','14 日','15 日','16 日','17 日','18 日','19 日','20
日','21 日','22 日']
        },
        yAxis: {
            type: 'value',
            name: '金额(万元)',
            axisLabel: {
                formatter: '{value}'
            }
        },
        series: [
            {
                name:'销售金额实际值',
                type:'line',
                data:data.T,
                areaStyle: {
                    normal: {
                        color: new echarts.graphic.LinearGradient(0, 0, 0, 1, [{
                            offset: 0,
                            color: 'rgba(194, 53, 49,.8)'
                        }, {
                            offset: 1,
                            color: 'transparent'
                        }])
                    }
                },
            },
            {
                type:'line',
                name:'销售金额预测值',
                data:data.Y,
                areaStyle:{
                    normal: {
                        color: new echarts.graphic.LinearGradient(0, 0, 0, 1, [{
                            offset: 0,
                            color: 'rgba(47, 69, 84,.4)'
                        }, {
                            offset: 1,
                            color: 'transparent'
                        }])
                    }
```

```
                    }
                },
        ]
                }）
}）;
```

运行效果如图 9－12 所示。

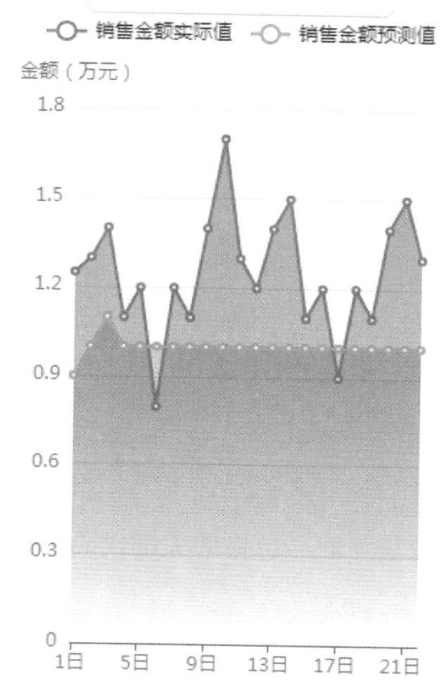

图 9－12　销售金额实际值与预测值折线图

子任务 3　使用气泡图展示商品价格区间

商品销售数量和商品价格数据见表 9－10。可以使用气泡图对商品销售数量和价格进行展示。

表 9－10　商品销售数量和价格数据

商品名称	销售数量（个）	商品价格（元）
安慕希	8	6. 5
米多奇烤馍片	13	1. 8
蒙牛纯牛奶	14	3. 5
奥利奥	9	3. 3
王老吉	14	3. 8
小鱼仔	22	1. 5

续表

商品名称	销售数量（个）	商品价格（元）
优酸乳	11	4.5
咖啡	18	5.5
可口可乐	16	4.8

对应表 9-10 的 json 文件内容为：

```
{
    "data":[
        {"value":[6.5 ,8],"name":"安慕希"},
        {"value":[1.8 ,13],"name":"米多奇烤馍片"},
        {"value":[3.5 ,14],"name":"蒙牛纯牛奶"},
        {"value":[3.3 ,9],"name":"奥利奥"},
        {"value":[3.8 ,14],"name":"王老吉"},
        {"value":[1.5 ,22],"name":"小鱼仔"},
        {"value":[4.5 ,11],"name":"优酸乳"},
        {"value":[5.5 ,18],"name":"咖啡"},
        {"value":[4.8 ,16],"name":"可口可乐"}
    ]
}
```

使用气泡图展示商品销售数量与商品价格的关键代码为：

```
var priceRange = echarts.init(document.getElementById('priceRange'));
$.get("data/商品销量数量和价格数据.json").done(function (data) {
    priceRange.setOption({
    grid: {
        left: '3%',
        right: '10',
        bottom: '10',
        containLabel: true
    },
    tooltip : {
        showDelay : 0,
        formatter : function (params) {
                return params.seriesName + '<br/>'
                + '单价:' + params.value[0] + '<br/>'
                + '销量:' + params.value[1];
        },
        axisPointer:{
            show: true,
            type : 'cross',
            lineStyle: {
                type : 'dashed',
                width : 1
            }
        }
    },
```

```
        legend: {
            type:'scroll',
        },
        xAxis :{ scale:true},
        yAxis :{ scale:true},
        })
    });
    $.get("data/商品销量数量和价格数据.json").done(function (data) {
        var series =[];
        for(var i = 0;i < data.data.length;i + +){
            series.push({
                name: data.data[i].name,
                type: 'scatter',
                data: [data.data[i].value],
                symbolSize:data.data[i].value[1] * 2
            });
        }
        priceRange.setOption({
            series:series
        });
});
```

运行效果如图 9－13 所示。

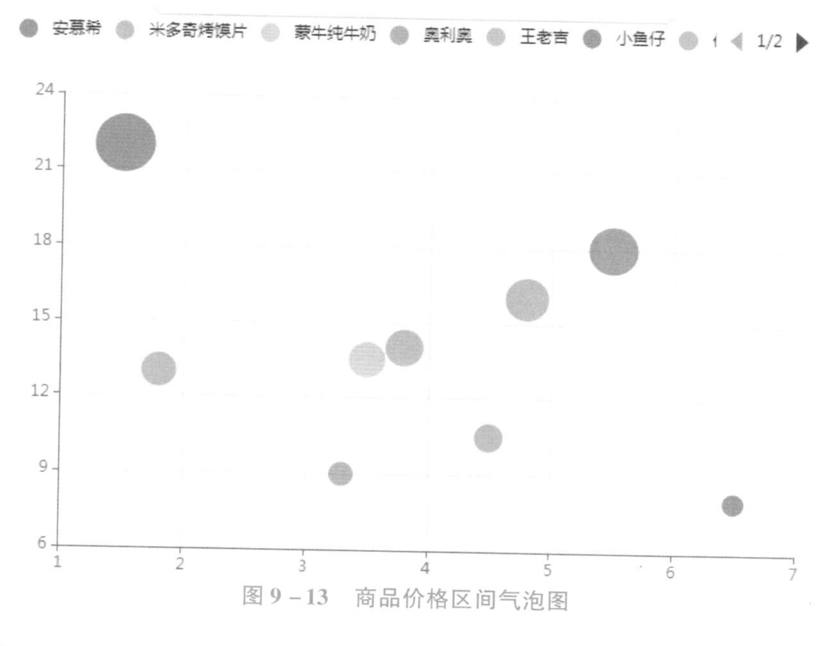

图 9－13 商品价格区间气泡图

同步实训

使用条形图展示商品销售情况

1. 实训目的

掌握使用 ECharts 加载异步数据绘制条形图。

2. 实训内容及步骤

无人超市销售数量前 10 名的商品见表 9－11。

表 9－11　无人超市商品销售数据

商品名称	销售数量（个）
绿箭口香糖	3
香芋面包	5
康师傅方便面	6
沙琪玛	9
农夫山泉	9
小鱼仔	10
蒙牛纯牛奶	13
脉动	13
光明酸奶	16
可口可乐	21

①将表 9－11 中的数据转换为 json 文件。

②使用 ECharts 读取 json 文件数据来绘制条形图，展示无人超市销售数量前 10 名的商品，运行效果如图 9－14 所示。

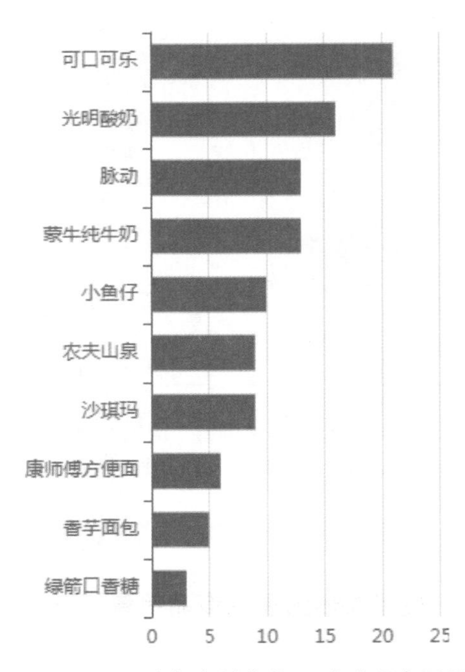

图 9－14　无人超市销售前 10 名商品条形图

任务小结

本任务完成了无人超市销售分析中玫瑰图、折线图及气泡图的 ECharts 实现。

任务3　可视化展示无人超市顾客分析

问题引入

无人超市在运营过程中积累了大量顾客数据，那么如何将这些同顾客相关的数据可视化展示，以便更好地对顾客的购买行为进行分析，进而了解顾客的消费特点呢？

解决方法

可以使用 ECharts 制作无人超市顾客分析大屏，如图 9－15 所示。

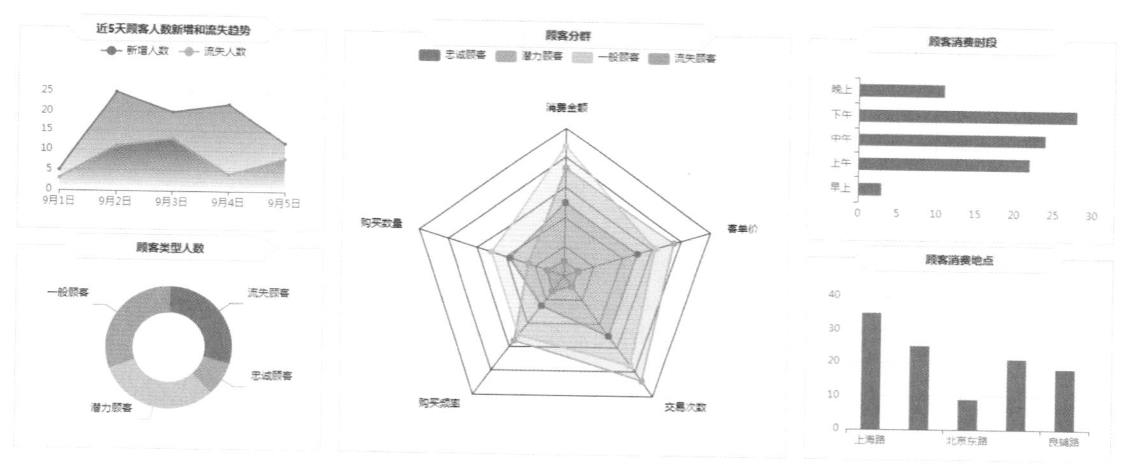

图 9－15　无人超市顾客分析大屏

任务实施

无人超市顾客数据存储在 json 文件中，进行可视化展示顾客分析用到的数据见表 9－12。

表 9－12　顾客数据

可视化方向	数据文件
无人超市顾客分析	近 5 日新增和流失顾客数据 . json
	不同类型顾客的人数 . json
	顾客分群数据 . json
	顾客消费时段数据 . json
	顾客消费地点数据 . json

子任务1 使用区域面积图展示顾客新增和流失趋势

无人超市近5天新增和流失顾客数据见表9-13。可以使用区域面积图对近5天顾客新增和流失趋势进行展示。

表9-13 近5天新增和流失顾客数据

日期	新增人数（人）	流失人数（人）
9月1日	5	3
9月2日	25	11
9月3日	20	13
9月4日	22	4
9月5日	12	8

对应表9-13的json文件内容为：

```
{
"类型":["新增人数","流失人数"],
"日期":["9月1日","9月2日","9月3日","9月4日","9月5日"],
"新增人数":[5,25,20,22,12],
"流失人数":[3,11,13,4,8]
}
```

使用区域面积图展示近5天顾客新增和流失趋势的关键代码为：

```
var lossGrowth = echarts.init(document.getElementById('lossGrowth'));
$.get("data/近5日新增和流失顾客数据.json").done(function (data) {
    lossGrowth.setOption({
        tooltip: {
            trigger: 'axis'
        },
        legend: {
            type:'scroll'
        },
        grid: {
            left: '10',
            right: '30',
            bottom: '10',
            containLabel: true
        },
        xAxis: {
            type: 'category',
            boundaryGap: false,
            data: data.日期
        },
```

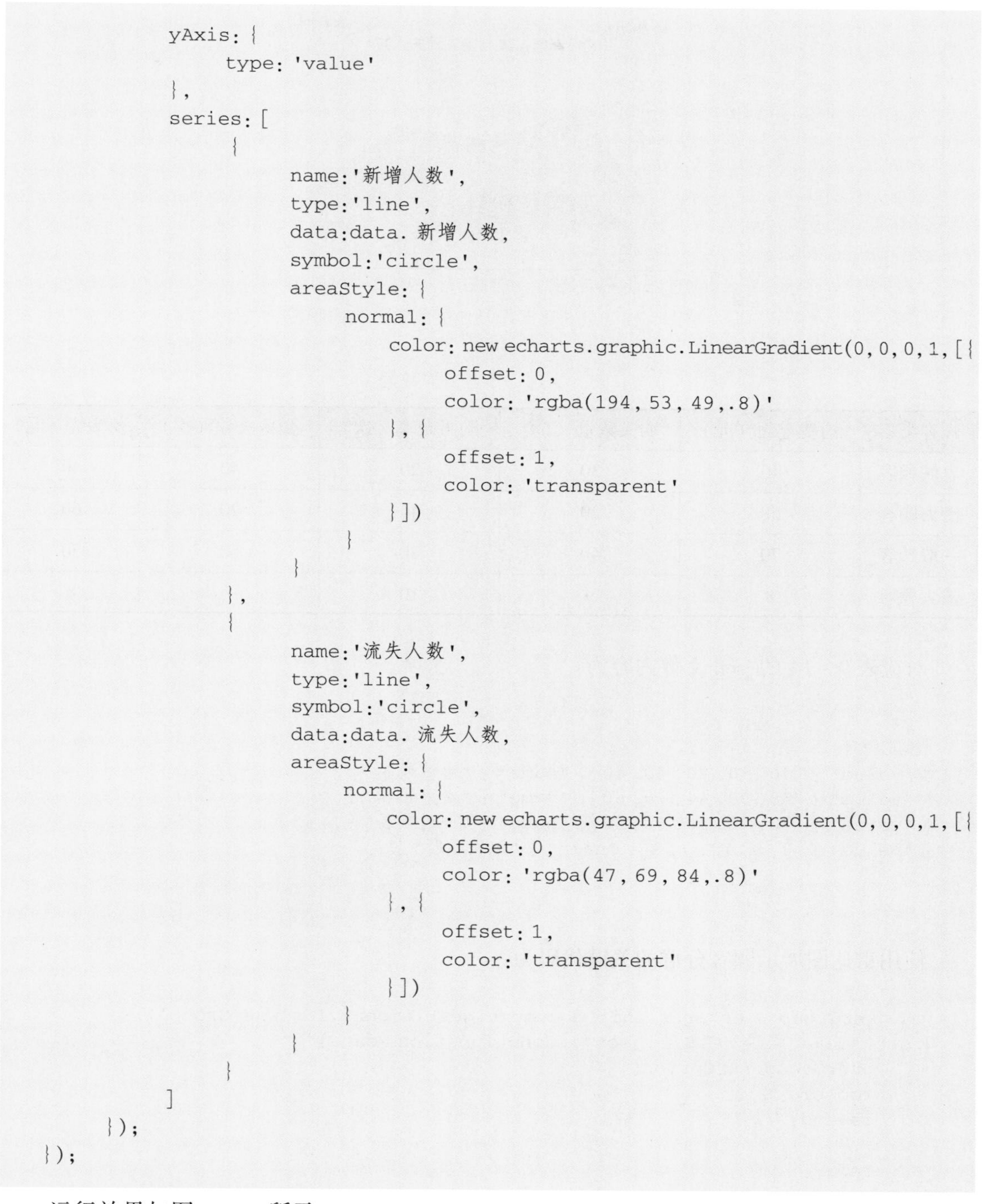

```
        yAxis: {
            type: 'value'
        },
        series: [
            {
                name:'新增人数',
                type:'line',
                data:data.新增人数,
                symbol:'circle',
                areaStyle: {
                    normal: {
                        color: new echarts.graphic.LinearGradient(0,0,0,1,[{
                            offset: 0,
                            color: 'rgba(194,53,49,.8)'
                        },{
                            offset: 1,
                            color: 'transparent'
                        }])
                    }
                }
            },
            {
                name:'流失人数',
                type:'line',
                symbol:'circle',
                data:data.流失人数,
                areaStyle: {
                    normal: {
                        color: new echarts.graphic.LinearGradient(0,0,0,1,[{
                            offset: 0,
                            color: 'rgba(47,69,84,.8)'
                        },{
                            offset: 1,
                            color: 'transparent'
                        }])
                    }
                }
            }
        ]
    });
});
```

运行效果如图9－16所示。

子任务2　使用雷达图展示顾客分群

根据消费金额、购买数量、购买频率、交易次数和客单价对顾客进行分群，分群结果见表9－14。

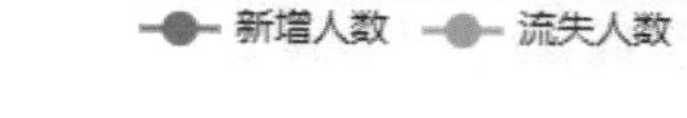

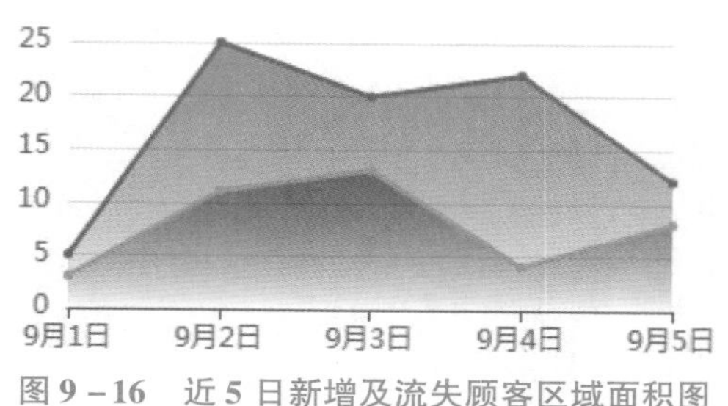

图 9－16　近 5 日新增及流失顾客区域面积图

表 9－14　顾客分群数据

顾客类型	消费金额（元）	购买数量（个）	购买频率（次）	交易次数（次）	客单价（元）
忠诚顾客	40	30	20	40	40
潜力顾客	58	20	44	70	60
一般顾客	70	40	40	60	50
流失顾客	8	9	10	7	8

对应表 9－14 的 json 文件内容为：

```
{
"data":[
{ "value" : [40, 30, 20, 40, 40], "name" : "忠诚顾客" },
{ "value" : [58, 20, 44, 70, 60], "name" : "潜力顾客" },
{ "value" : [70, 40, 40, 60, 50], "name" : "一般顾客" },
{ "value" : [8, 9, 10, 7, 8], "name" : "流失顾客" }
]
}
```

使用雷达图展示顾客分群的关键代码为：

```
var userGroup = echarts.init(document.getElementById('userGroup'));
$.get("data/顾客分群数据.json").done(function (data) {
      userGroup.setOption({
      tooltip: {},
      legend: {
      },
      radar: {
           name: {
              textStyle: {
                   color: '#fff',
                   borderRadius: 3,
                   padding: [3, 5]
              }
           },
```

```
        center: ['50%', '58%'],
        splitArea: {
              areaStyle: {
                   color:'transparent'
              }
        },
        axisLine: { lineStyle: {color: '#061e42'}},
        splitLine: { lineStyle: {color: '#061e42' }},
        indicator: [
            { name: '消费金额', max: 80,color:'black'},
            { name: '购买数量', max: 80,color:'black'},
            { name: '购买频率', max: 80,color:'black'},
            { name: '交易次数', max: 80,color:'black'},
            { name: '客单价', max: 80,color:'black' }
        ]
    },
    series: [{
        name: '顾客分群',
        type: 'radar',

        areaStyle:{
            show:true,
            opacity:0.3
        },
        data : data.data
    }]
        })
});
```

运行效果如图 9－17 所示。

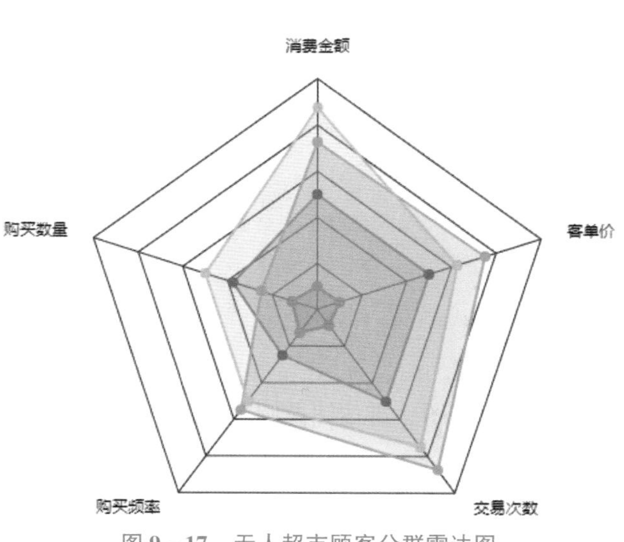

图 9－17 无人超市顾客分群雷达图

同步实训

使用圆环图展示顾客类型人数占比

1. 实训目的

掌握使用 ECharts 加载异步数据绘制圆环图的方法。

2. 实训内容及步骤

无人超市不同类型顾客人数见表 9 – 15。

表 9 – 15 无人超市不同类型顾客人数

顾客类型	人数（人）
流失顾客	760
忠诚顾客	234
潜力顾客	800
一般顾客	800

①将表 9 – 15 中的数据转换为 json 文件。

②使用 ECharts 读取 json 文件数据来绘制圆环图，展示无人超市不同类型顾客人数占比，运行效果如图 9 – 18 所示。

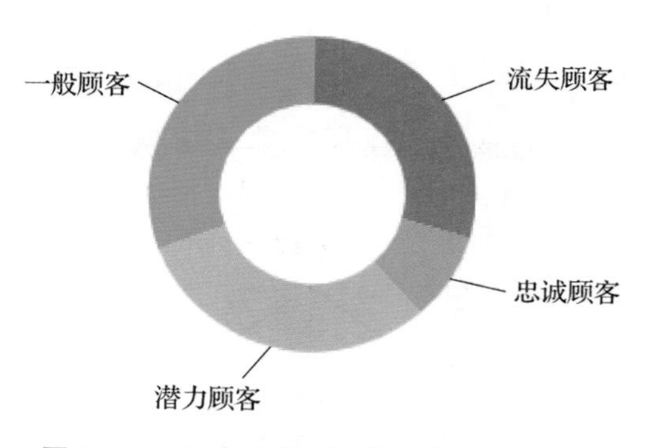

图 9 – 18 无人超市不同类型顾客人数占比

任务小结

无人超市顾客分析中区域面积图、雷达图及圆环图的 ECharts 实现。

习　题

某餐饮企业积累了大量客户用餐相关的数据，请结合给出的 json 数据文件，完成餐饮企业可视化大屏制作，要求如下：

1. 销售分析

（1）使用折线图分析每日订单量；

（2）使用柱状图分析下单时间段与消费金额关系。

2. 菜品分析

（1）绘制饼图，分析菜品口味的分布；

（2）绘制堆积柱状图，分析不同菜品价格区间的订单量。

3. 顾客分析

（1）绘制折线图，分析每月新增会员数；

（2）绘制柱形图，分析会员的性别分布；

（3）绘制圆环图，分析会员的星级分布。

运行效果如图 9－19～图 9－21 所示。

餐饮综合项目销售分析平台

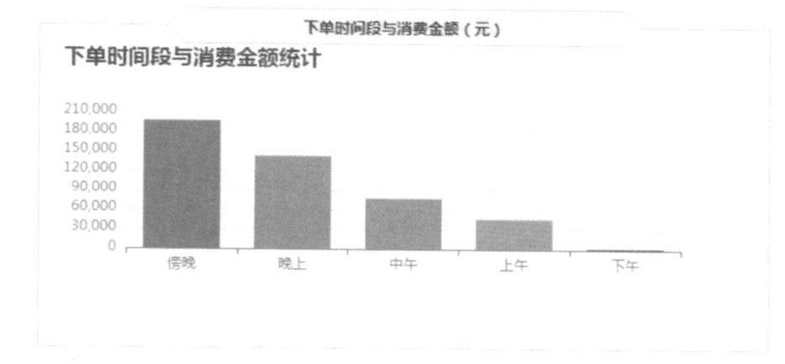

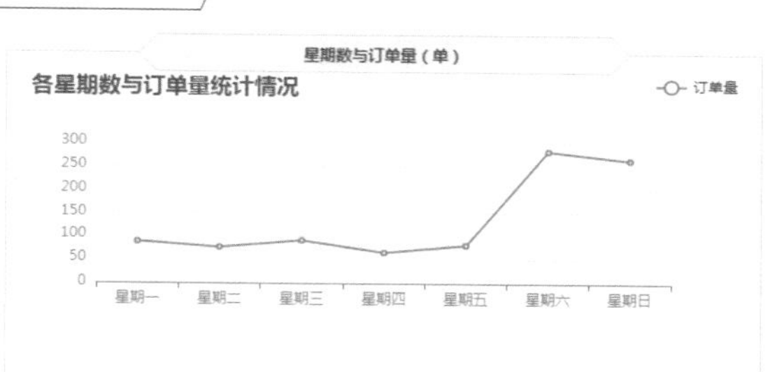

图 9－19　销售分析可视化大屏

餐饮综合项目菜品分析平台

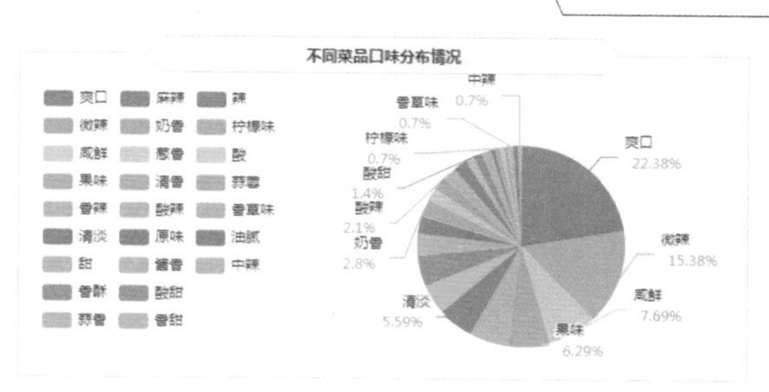

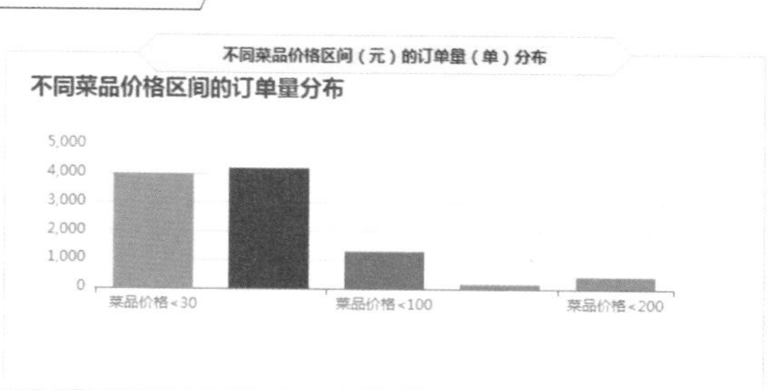

图 9－20　菜品分析可视化大屏

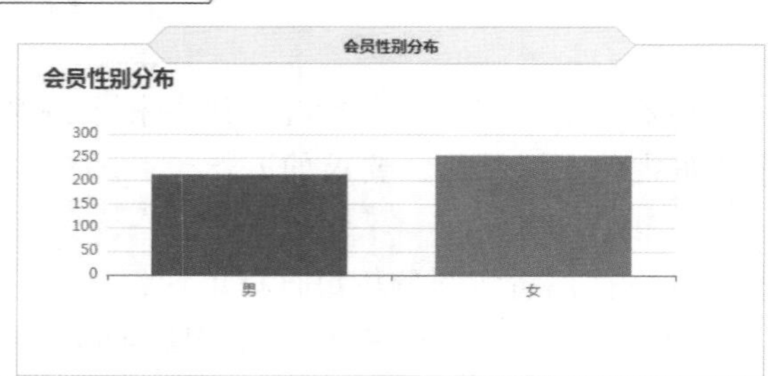

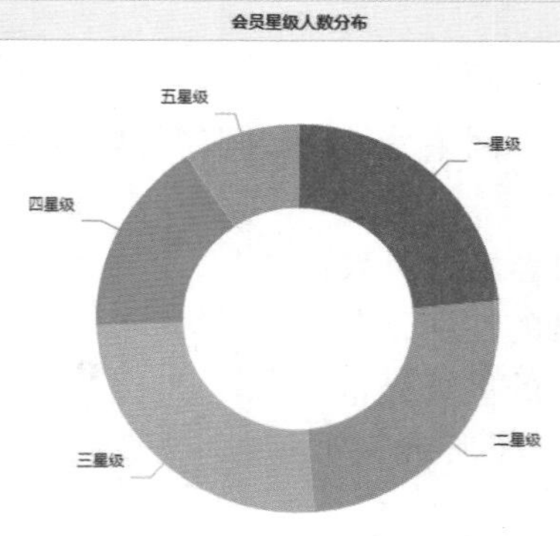

图 9－21　顾客分析可视化大屏

参 考 文 献

[1] 韩小良. 一图抵万言 从 Excel 数据到分析结果可视化 [M]. 北京：中国水利水电出版社，2019.

[2] 沈君. 数据可视化必修课：Excel 图表制作与 PPT 展示 [M]. 北京：人民邮电出版社，2021.

[3] 刘英华. 数据可视化 从小白到数据工程师的成长之路 [M]. 北京：电子工业出版社，2019.

[4] 黄源，蒋文豪，徐受蓉. 大数据可视化技术与应用 [M]. 北京：清华大学出版社，2020.

[5] 凤凰高新教育. Excel 数据可视化之美：商业图表绘制指南 [M]. 北京：北京大学出版社，2021.

[6] 刘礼培，张良均. Python 数据可视化实战 [M]. 北京：人民邮电出版社，2022.

[7] 范路桥，张良均. Web 数据可视化（ECharts 版）[M]. 北京：人民邮电出版社，2021.

[8] 王国平. Python 数据可视化之 Matplotlib 与 pyecharts [M]. 北京：清华大学出版社，2021.

[9] 王大伟. ECharts 数据可视化入门、实战与进阶 [M]. 北京：机械工业出版社，2021.

[10] 黑马程序员. Python 数据可视化 [M]. 北京：人民邮电出版社，2021.